国家自然科学基金重点项目(51734007)资助
国家自然科学基金科学仪器基础研究专项(51327007)资助
国家自然科学基金面上项目(51774235)资助
国家自然科学基金青年科学基金项目(51304156)资助

采动裂隙演化与卸压瓦斯渗流规律实验研究

肖 鹏 著

中国矿业大学出版社
·徐州·

内容提要

本书综合采用理论分析、相似模拟实验、数值模拟等研究方法，对采动裂隙时空演化规律和卸压瓦斯渗流变化规律展开了系统研究。分析了采动裂隙场的多孔介质性质和裂隙场中瓦斯来源及其流态，构建了采动裂隙场与卸压瓦斯渗流的固气耦合数学模型，推导出固气耦合相似条件，研制了以石蜡为胶凝剂的相似模拟实验材料，配制出更适合固气耦合模拟实验的材料配比，设计研发了固气耦合相似模拟实验系统，研究了卸压瓦斯在煤层开采过程中渗透率的变化规律，分析了不同主关键层层位对覆岩采动裂隙演化特征和卸压瓦斯渗流规律的影响，得到了采动裂隙演化与卸压瓦斯渗流固气耦合规律。

本书为裂隙场煤岩瓦斯固气耦合实验研究提供了基础，可对煤矿瓦斯灾害的防治工作提供一定的参考和指导，保障煤矿企业的安全高效生产。本书可供从事安全科学与工程、采矿工程等领域研究和学习的科研工作者、研究生和本科生参考。

图书在版编目(CIP)数据

采动裂隙演化与卸压瓦斯渗流规律实验研究/肖鹏著.—徐州：中国矿业大学出版社，2019.12

ISBN 978-7-5646-0926-9

Ⅰ.①采… Ⅱ.①肖… Ⅲ.①煤矿开采—岩层移动—研究②瓦斯渗透—研究 Ⅳ.①TD325②TD712

中国版本图书馆 CIP 数据核字(2019)第 174450 号

书　　名　采动裂隙演化与卸压瓦斯渗流规律实验研究
著　　者　肖　鹏
责任编辑　赵朋举　黄本斌
出版发行　中国矿业大学出版社有限责任公司
（江苏省徐州市解放南路　邮编 221008）
营销热线　(0516)83884103　83885105
出版服务　(0516)83995789　83884920
网　　址　http://www.cumtp.com　**E-mail**:cumtpvip@cumtp.com
印　　刷　虎彩印艺股份有限公司
开　　本　787 mm×1092 mm　1/16　**印张** 9.5　**字数** 186 千字
版次印次　2019 年 12 月第 1 版　2019 年 12 月第 1 次印刷
定　　价　35.00 元

前　言

近年来，煤矿瓦斯灾害事故频发，造成巨大的经济损失和人员伤亡，已成为我国煤矿安全领域的主要灾害，严重威胁着矿井的安全生产，影响了社会的稳定和发展。如何更好地治理矿井瓦斯，确保煤矿安全高效生产，已成为我国煤炭工业发展亟须解决的问题之一。特别是煤层因采动卸压后，采场上覆岩层产生裂隙，改变了煤岩体原始的孔隙度和渗透率，煤层瓦斯发生运移，给瓦斯抽采工作带来诸多技术难题。因此，研究瓦斯在孔隙、裂隙介质中渗流及其与煤岩体变形耦合规律，对确定科学、合理的抽采方法，有效防治瓦斯灾害具有重要的理论价值。本书综合采用理论分析、相似模拟实验、数值模拟等研究方法，对采动裂隙时空演化规律和卸压瓦斯渗流变化规律展开了系统研究，取得了一些有意义的研究成果，进一步揭示了采动裂隙与卸压瓦斯渗流的耦合规律。

本书在分析采动裂隙场成因、卸压瓦斯来源及其流态的基础上，运用多孔介质渗流力学、岩石力学、流体动力学等理论，基于采动裂隙场与卸压瓦斯渗流的固气耦合数学模型，推导出固气耦合相似条件，为固气耦合相似模拟实验提供了理论基础。

为满足固气耦合模拟实验的要求，研发了固气耦合相似模拟实验系统，解决了固气耦合实验中气体的密封方法和封闭箱体内模拟开采关键技术，为研究采动裂隙场时空演化与卸压瓦斯渗流耦合规律的相似模拟实验奠定了基础。同时还研制了以石蜡为胶凝剂的相似模拟实验材料，配制出更适合固气耦合模拟实验的材料配比，完善了固气耦合相似模拟实验的应力和渗流测试系统，利用自主研发的相似实验材料试件渗透率测试设备，对不同配比的试件进行了测试，分析了实验材料中石蜡和油的含量对试件物理力学参数的影响。验证了实验材料的力学参数能够满足固气两相模拟实验的要求。

本书研究了卸压瓦斯在煤层开采过程中渗透率的变化规律，结合固气耦合相似模拟实验的结果得到：随着工作面的不断推进，上覆岩层在受到初次扰动、逐步压实、直至垮落的过程中，气体的渗流速度经历了先升高后降低、再升高再降低，最终逐渐稳定的过程。

通过建立不同主关键层层位的固气耦合相似模拟实验模型，结合RFPA^{2D}-Flow 数值模拟结果，分析了不同主关键层层位对覆岩采动裂隙演化特征和卸压瓦斯渗流规律的影响。

采动裂隙场与卸压瓦斯渗流场之间相互影响、相互作用，是一个动态平衡体系。煤体被采出后，造成覆岩体应力场重新分布，影响了采动裂隙的演化，瓦斯在裂隙场内的运移改变了渗流场的分布，从而导致煤岩体的受力状态发生变化，应力场进一步改变；同时，裂隙场范围的变化，导致煤岩体应力场的改变，进而影响渗流场变化。

本书系统分析了采动裂隙与卸压瓦斯耦合规律，实验结果对科学、合理地确定抽采方法和有效防治瓦斯灾害技术，实现煤与瓦斯安全共采提供了一定的理论依据。

本书所涉及的研究和实验，得到了教育部西部矿井开采及灾害防治重点实验室、陕西省岩层控制重点实验室的大力支持，我的同事高喜才博士、解盘石博士、苏普正高级工程师给予了良好的建议和意见，在此表示衷心的感谢！

我的恩师李树刚教授在百忙之中审阅了全书的手稿，在此对我的导师表示最衷心的感谢和最诚挚的敬意。张天军教授、林海飞教授、刘超教授对本书的出版给予了诸多的关心、支持和帮助，在此向他们表示衷心的感谢。成连华、潘红宇、黄金星、张涛伟、张杰、赵鹏翔、张少龙、张胜、王锐等老师和研究生对书稿的资料进行了收集和整理，在此表示深深的感谢。

由于作者水平所限，书中疏漏之处在所难免，所提出的观点也有待进一步探讨，希望得到相关专家和同行的指正，笔者将不胜感激。同时，向所有参阅文献的作者致以崇高的敬意。

作　者

2018 年 11 月

目　录

1 绪 论

1.1 研究背景及意义

煤层瓦斯是在煤的形成过程中生成并赋存于煤层及煤系地层的一种天然气体[1]。我国的高瓦斯矿井和煤与瓦斯突出矿井(简称高突矿井)已占全国总矿井数的40%以上。目前矿井瓦斯灾害(煤与瓦斯突出、瓦斯爆炸等)依然是我国煤矿伤亡、损失最大以及发生最频繁的重大灾害,严重威胁着矿井的安全生产。煤矿开采深度和开采强度的加大,形成了采空区遗煤多、空间大等特点,使得采空区流向工作面的瓦斯急剧上升,回风巷和工作面上隅角瓦斯频频超限,不仅造成工作面断电停产导致经济损失,甚至会发生瓦斯燃烧或者爆炸之类的恶性事故,给矿井安全生产造成严重威胁。

煤层瓦斯(也称煤层气,主要成分是甲烷)排放到大气中会造成温室效应,破坏臭氧层,污染大气环境。同时,瓦斯又是一种经济的可燃气体,是高热、洁净、方便的能源[2-3]。据统计,2009年我国利用煤矿瓦斯 1.93×10^{9} m^{3},共减少二氧化碳排放2 900万t[4]。但目前我国煤矿中绝大部分瓦斯还是直接排空,每年煤矿排放瓦斯 $7.0\times10^{9}\sim1.9\times10^{10}$ m^{3},造成严重的大气污染[5]。

世界上一些主要产煤国,如美国、俄罗斯、德国等,煤层赋存条件和地质条件相对较好,重视开发煤层气,利用煤层气起步也较早,其主要的方法是采前预抽和密闭采空区抽采。我国从1952年开始瓦斯资源开发,主要采用抽采的方式,在一定程度上起到了防止瓦斯事故发生的作用,但是由于我国煤矿地质条件复杂,大部分矿区煤层瓦斯赋存明显存在着煤层高可塑性结构、煤层高吸附瓦斯能力、煤层高瓦斯贮存量、煤层瓦斯压力低、煤层在水力压裂等强化措施下形成的常规破裂裂隙所占比例低、煤层瓦斯储层渗透率低(简称"三高三低")的现象,很大程度上限制了我国高瓦斯矿井瓦斯抽采效果,不能从根本上解决瓦斯事故问题[6-10]。要提高采动影响下瓦斯抽采的效果,就必须掌握煤层开采矿山压力显现的基本特征及卸压瓦斯在覆岩中聚集、运移的特征。

我国的瓦斯抽采应在采动影响形成的裂隙带内进行。由于煤层不断地开采,而造成煤岩体结构发生变化,产生大量裂隙。在裂隙带内,原始煤岩体的渗透率随着覆岩采动卸压的作用发生变化，影响着瓦斯的聚集和瓦斯压力的分布；瓦斯运移对煤岩体产生的孔隙压力作为外部荷载造成煤岩体应力场发生变化，从而又改变了煤岩体骨架的变形和裂隙的发育。可见，瓦斯的渗流特征及渗透率的变化规律与煤岩体骨架变形及破坏形成的采动裂隙之间相互作用、相互影响，存在着复杂的耦合关系。

因此，明确采场覆岩裂隙时空演化与卸压瓦斯渗流之间的耦合作用规律，研究科学、合理的抽采方法，不但可以有效防治瓦斯灾害，保障煤炭的安全回采，同时还可将瓦斯作为清洁能源加以利用，减少环境污染，从而实现矿井安全生产、环境保护和新能源供应等多重效应[11-13]。目前，利用固气耦合物理相似模拟实验来研究卸压瓦斯在采动裂隙中运移规律的学者不多。本书通过构建固气耦合数学模型，确定固气耦合模拟实验的相似条件，寻求一种更加适合固气耦合模拟实验的相似材料，在固气耦合相似模拟实验和数值模拟的基础上，研究采动裂隙时空演化规律和卸压瓦斯渗流的变化规律及其分布特征，为采动裂隙演化与卸压瓦斯渗流耦合机理的研究做好实验基础。

1.2 国内外研究现状分析

1.2.1 采场上覆岩体移动变形及结构演化规律研究现状

矿井深部原始煤岩体中的瓦斯相对静止地存在于高压状态下，其中10%～20%以游离状态存在于煤岩体形成的裂隙或孔隙中，80%～90%以吸附状态附着在煤岩体表面。正常情况下，吸附瓦斯和游离瓦斯在外界条件不变的条件下处于动态平衡状态，随着环境变化进行“解吸—吸附—解吸”过程[14]。当煤岩体原始状态发生改变时，原来相对封闭稳定的煤岩体松动变形，产生裂隙，直至垮落，卸压瓦斯沿孔隙和裂隙通道运移到采矿空间。瓦斯的运移轨迹和储集区与覆岩裂隙特征演化过程有密切关系[15]。

国内外对采场上覆岩体移动变形及结构演化与破坏规律进行了大量的研究，研究成果丰富，相继提出了多种理论，其中悬臂梁理论、砌体梁理论、传递岩梁理论、薄岩板理论、关键层理论及覆岩采动裂隙分布“区带”论等最具有代表性，被广泛应用在采场围岩控制、支护设计、“三下”开采和瓦斯抽采等方面[16-19]。以下较为系统地总结了采场上覆煤岩体离层裂隙发育相关领域的研究情况。

20世纪以来，国内外学者在研究中提出了各种矿山压力假说。

1916年，德国学者斯托克(K. Stoke)提出了悬臂梁假说。主要观点是，顶板岩层是一种连续介质，垮落后可看作是一端嵌固在煤壁前方的悬臂梁。该理论较好地解释了工作面的周期来压现象，为岩梁理论发展起到了奠基作用[20-21]。

1928年，德国学者哈克(W. Hack)和吉伊泽尔(G. Giuitzer)等人提出了压力拱理论。主要观点是，压力拱跨越整个采煤工作面空间，前拱脚坐落于煤壁前方未采动的煤体，而后拱脚坐落于采空区后部已垮落压实的矸石上，压力拱随工作面推进而前移；压力拱承担了采场覆岩重量并将其传递至拱脚，形成支承压力；工作面支架只是承担了拱内覆岩的重量。该理论较好地解释了工作面围岩支承压力的存在，说明了工作面支架上的压力远小于上覆岩层重量的原因，但未明确压力拱与岩层运动演化间的关系[20-21]。

20 世纪 50 年代初，比利时学者拉巴斯（A. Labasse）提出了预成裂隙梁理论。主要观点是，由于支承压力的作用使覆岩遭到连续破坏，顶板中产生了大量裂隙，形成非连续岩层，由于岩梁中的裂隙先于支承压力作用下形成，故称为预成裂隙梁。该理论揭示了超前支承力作用下煤岩体产生裂隙的机理，明确了破坏原因，但是由于预成裂隙梁的范围无法界定及无法解释覆岩的周期来压规律，所以存在一定的不足[20-21]。

1954 年，苏联学者库兹涅佐夫（Kuznetsov）提出了铰接岩块假说。主要观点是，已垮落的岩层和尚未垮落呈铰接状态的岩层运动造成工作面支架上的压力显现，已垮落岩块在垮落带上方形成裂隙带，这些岩体在水平挤压的作用下，互相咬合，在沉降的运动过程中彼此牵制，形成三铰拱式铰接岩块平衡结构。该理论较深入地揭示了覆岩的垮落条件，初步分析了岩层内部的力学关系及可能形成的结构，在一定程度上揭示了工作面支架与围岩间的关系，为设计顶板控制技术提供了依据[20-21]。

20 世纪 60 年代初，我国学者钱鸣高院士、李鸿昌教授就开始对断裂岩块间的力学关系进行了研究，并于 20 世纪 70 年代末 80 年代初建立了上覆岩层开采后呈砌体梁式平衡的结构力学模型，提出了砌体梁理论[22-23]。主要观点是，采场上覆岩层的岩体结构主要由各个坚硬岩层构成，基本顶破断后的岩块在下沉变形中互相挤压、摩擦咬合，形成一种平衡结构，这种结构外表似梁实质是拱的砌体梁或裂隙体梁三铰拱。破断岩块能否形成拱式平衡结构，取决于砌体梁结构的滑落（slipping）稳定条件及回转（rotation）稳定条件[24]。

随后，朱德仁、缪协兴、刘双跃、王作堂、康立夫、何富连、刘长友等多位教授进行了将基本顶视为板结构及直接顶稳定性研究，逐步对砌体梁理论进行了完善和发展[25-30]。黄庆享、钱鸣高、石平五三位教授建立了浅埋煤层采场基本顶周期来压的“短砌体梁”和“台阶岩梁”结构模型，并给出维持顶板稳定的支护力计算公式[31]。侯忠杰分别按照滑落失稳和回转失稳计算出了失稳类型判断曲线，给出了断裂岩块回转端角接触面尺寸[32-33]。

20 世纪 80 年代初期，我国学者宋振骐院士等人在大量现场观测的基础上提出并逐步完善了传递岩梁理论，提出“二块铰接岩块”形成基本顶基本结构，并详细地分析了该结构的演化对采煤工作面矿压显现的影响。

姜福兴在“砌体梁”与“传递岩梁”基础上，通过大量现场观测、实验室研究和理论分析，基于“岩层质量的量变引起基本顶结构形式质变”的观点，提出了基本顶存在类拱、拱梁和梁式三种基本结构，并建立了定量分析基本顶结构形式的岩层质量指数法[34-35]。

20 世纪 90 年代，钱鸣高院士提出了岩层控制的关键层理论。主要观点是，因为成岩时间和矿物成分不同，形成厚度不等、强度不同的多层岩层，其中某些坚硬的岩层在采动覆岩移动演化过程中起主要控制作用，其破断前以连续梁力学结构支承上覆岩层，破断后以砌体梁力学结构支承上覆岩层，并以砌体梁力学结构演化运动影响采场矿压、岩层移动，这类岩层称为关键层。

钱鸣高院士、茅献彪、缪协兴等人建立了关键层理论的框架及判别方法，深入分析了采动覆岩中关键层破断规律等[36-40]。同时针对采场覆岩中关键层的复合效应进行研究，揭示了关键层在采动覆岩中的控制机理，并给出了覆岩关键层位置的判断方法[41]。侯忠杰研究了浅埋煤层组合关键层理论[42]。关键层理论的提出为研究采场尤其是综放采场矿压及其显现、岩层移动及煤岩体中流体运移特征打开了广阔的前景[43-54]。

随着工作面煤层的开采，采场围岩体内应力与裂隙结构系统重新分布。国内外学者对采动覆岩体移动的规律进行了研究。国外的卡米(M. Karmis)[55]、哈森弗斯(G. Hasenfus)[56]、马克(C. Mark)[57]和帕尔奇克(V. Palchik)[58]等认为长壁开采覆岩存在三个不同的移动带。国内的刘天泉院士、钱鸣高院士等人根据采空区覆岩移动破坏程度及应力分布特点，提出“横三区”“竖三带”，即在垂直方向上由下至上形成垮落带、断裂带和弯曲下沉带，在水平方向上形成煤壁支承影响区、离层区和重新压实区[59-60]，如图 1-1 所示。

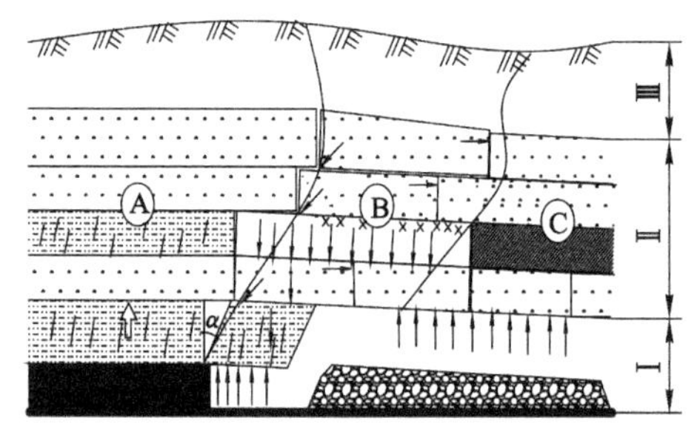

A—煤壁支承影响区；B—离层区；C—重新压实区；

Ⅰ—垮落带；Ⅱ—断裂带；Ⅲ—弯曲下沉带；α—支承影响角。

图 1-1　采煤工作面上覆岩层沿工作面推进方向的分区

近年来的研究表明，裂隙分布特征随工作面的推进而发生变化，并非是传统意义上的“三带”特征。钱鸣高院士、许家林基于关键层理论，应用模型实验、图像分析、离散元模拟等方法，提出煤层采动后上覆岩层采动裂隙呈两阶段(第一阶段从开切眼开始，随着工作面推进，离层裂隙不断发育，采空区中部离层裂隙最为发育，离层率分布曲线呈高帽状；第二阶段从采空区中部离层率下降开始的区域，称其为采动裂隙“O”形圈)发展规律并形成“O”形圈分布特征[48]。赵保太、林柏泉提出了“回”形圈特征[49]。李树刚等提出采场上覆岩层中的破断裂隙和离层裂隙贯通后在空间上的分布是一个动态变化的采动裂隙椭抛带，分析了关键层位置与椭抛带形态的相互关系[50-52]。杨科、谢广祥提出采动覆岩裂隙具有“∩”形高帽状、前低后高驼峰状、前后基本持平驼峰状、前高后低驼峰状特征[43-44]。宋颜金等利用弹性薄板理论和关键层理论对采空区上覆岩层的沉降进行了定量描述，得出上覆岩层裂隙场两侧的裂缝数量多于中间，关键层下部往往有较大的离层空间，在上覆岩层底部，空隙率曲线沿走向呈马鞍形[59]。左建平等从基岩原生断裂和周期断裂力学模型出发，得到了覆岩“双曲线”破断运移规律，并用改进的开采不连续变形分析程序 MDDA 对松散厚层岩体进行数值模拟，获得了厚松散层覆岩“类双曲线”型破断运移规律[61-62]。袁亮院士等以顾桥矿 1115(1)工作面为实验点，根据围岩应力场、裂隙场和气体流场的动态变化规律，建立了高位环形裂隙体，用来对低渗透煤层群进行瓦斯高效抽采[63]。国内学者还对“三软”煤层的裂隙分布特征进行了大量的研究。赵保太、林柏泉、张辉等采用相似模拟实验方法，研究了“三软”不稳定煤层开采影响下上覆岩层裂隙场的分布与演化，测量了顶板和底板的应力变化以及岩层的位移变化，得到了在采动影响下上覆岩层裂隙场的横纵向“三带”分布范围和裂隙发展演化规律[64-65]。

煤层开采后，引起上覆岩层的移动和破断，在覆岩中形成两种采动裂隙：① 离层裂隙，主要是因为岩层的不协调下沉而造成岩层之间的裂隙；② 竖向裂隙，是随岩层下沉破断形成的穿层裂隙。其中，垮落带是上覆岩层破坏并向采空区垮落的岩层带，在垮落带内破断的岩块以较大的松散系数呈不规则堆积；断裂带是垮落带上方的岩层产生断裂或裂隙，但仍保持其原有层状的岩层带，在断裂带内形成的裂隙主要为岩层离层后形成的顺层张裂隙和岩层破断后形成的穿层裂隙；弯曲下沉带是断裂带上方岩层产生弯曲下沉的岩层带，在弯曲下沉带内形成的裂隙主要为岩层离层后形成的顺层张裂隙和少部分岩层破断后形成的穿层裂隙[66-67]。

钱鸣高院士的关键层理论肯定了离层的存在及其制约因素，许家林进一步研究证明了影响上覆岩层离层裂隙分布的主要因素有岩层的硬度、厚度、断块长度及层序等，覆岩关键层下的离层裂隙最为发育[68]。离层的发生、发展及时空分布特征受关键层控制，在岩层移动过程中主要出现在各关键层下，最大发育高度止于主关键层。刘天泉、仲惟林等通过查阅大量资料，分析指出断裂带内存有大量离层的原因[69]。郭惟嘉等用动态数值计算模型研究了覆岩离层规律，给出了确定离层的理想高度公式，并结合华丰矿实际，绘制出最大离层随时间变化曲线[70]。刘洪运用有限元的离散层分析法对岩层移动与离层进行了模拟[71]。张玉卓等通过研究长壁采煤上覆岩层运动中层间脱开的条件、存在过程及其与岩层结构和采矿条件的关系，提出了产生离层的覆岩结构类型，离层起始条件、扩展条件和离层量的预测方法[72]。毛灵涛、杨伦、苏仲杰等以组合板变形的力学模型为基础指导，根据覆岩的层位、厚度及物理力学性质推导出定量计算离层位置的实用公式[73-75]。柏立田、赵德深等揭示了煤矿区采动覆岩中离层产生、发展与分布的时空规律，探讨了离层发展高度与工作面推进距离的关系、单一离层从产生到最大值直至消失的时间效应等规律[76-77]。吴仁伦等认为，在不充分开采条件下，卸压解吸带集中在关键层下采空区中部，关键层下部尚未发生弯曲断裂，同时还存在离层裂隙[78]。李宏艳等将采动覆岩的裂隙场划分为四个区域，即离层低角度破碎区、采空区中部垮落及断裂带中角度区、裂隙扩展高角度区和中至高角度过渡区，基于分形理论，得出中至高角度过渡区是采取瓦斯抽采工程措施的主要区域[79]。

1.2.2 煤层瓦斯渗流耦合机理研究现状

近年来，大多数从事煤岩瓦斯耦合规律研究的学者都注意到在研究煤层瓦斯的运移规律时，应该考虑地应力场、地电磁场、温度场等对瓦斯渗流场的影响。主要是因为天然煤岩体中存在大量的孔隙、裂隙，改变了含瓦斯煤岩体的力学特性，严重影响着含瓦斯煤体的渗透性质。

(1) 多物理场作用下煤层渗透性的实验研究

我国矿井瓦斯抽采率平均不到40%，地面钻井等采前预抽煤层瓦斯方式效果不甚明显，因而瓦斯事故呈多发趋势，所遇到的共性问题是如何增加煤岩体的渗透性这一世界性难题。煤层的渗透率是反映煤层内瓦斯渗流难易程度的物理性参数，也是煤层瓦斯固气多物理场耦合模型的核心参数。在国外，萨默顿(W. H. Somerton)等研究了裂纹煤体在三轴应力作用下氮气及甲烷的渗透性，得出了煤样渗透性敏感地依赖于作用应力，且与应力史有关，并随着地应力的增加，煤层渗透率则按指数关系衰减[80]。加沃加(J. Gawuga)、科多特(V. V. Khodot)、哈巴兰(S. Harpalain)、伊恩·帕尔默(Ian Palmer)等学者，从煤层赋存的地质条件出发，研究了在实验条件下地球物理场中含气煤样的力学性质、渗透性与有效应力之间的相互影响及煤岩体与瓦斯渗流之间的固气力学效应[81-84]。在国内，自20世纪80年代以来，周世宁院士、鲜学福院士、林柏泉、靳钟铭等学者系统地研究了含瓦斯煤体的变形规律、煤样透气率等力学性质[85-90]。周世宁院士、何学秋在国家自然科学基金的资助下，采用热压型煤为试样，研究了含瓦斯煤的流变特性，得到了类似于岩石特性的蠕变特性曲线[91]。赵阳升、靳钟铭、胡耀青等通过对含高瓦斯煤的渗透、变形和强度实验，得出了三维应力、瓦斯孔隙压力对含瓦斯煤体渗透系数的影响规律，并建立了气体单一裂缝渗透系数的表达式[92-99]。张春会、尹光志、赵阳升、孙培德、章梦涛、梁冰等专家学者，对煤岩体的渗透率与应力的耦合作用进行了系统地研究，得到了在变形过程中含瓦斯煤体渗透率的变化规律，拟合得到含瓦斯煤的渗透率随围压、孔隙压力或有效应力变化的经验方程[100-112]。梁冰、张广洋、郭立稳、刘泽功等通过煤体温度场对瓦斯渗流的影响实验，得到了温度对瓦斯渗透影响的关系，并通过变温条件下的煤样渗流实验，推导出了渗透系数和温度的回归方程[113-118]。鲜学福院士、何学秋、王恩元等研究了电磁场影响下的煤体瓦斯渗透特性，研究表明煤体瓦斯渗透率对于电磁场有明显的响应，随着电磁作用频率和强度的增加而提高[119-123]。张志刚等通过实验研究得到了煤的渗透率与吸附量的关系，并结合含煤瓦斯有效应力原理，建立了非线性渗流-扩散钻孔一维径向不稳定流数学模型[124]，并基于力学平衡方程，建立了瓦斯气体渗流特征的非线性渗流方程[125]。孙可明、郝志勇、任云峰等研究了 CO_2 对煤层渗透率的影响，提出了深部低渗透煤层 CO_2 压裂增透技术，对超临界 CO_2 注入低渗透煤层的流动规律进行了实验研究。根据超临界 CO_2 作用后煤微观孔裂隙演化特征，得到煤微观孔隙度和渗透率演化方程，根据体积应力、温度、孔隙压力以及超临界 CO_2 溶解增透作用的影响，建立了超临界 CO_2 后煤层渗透率的热-流-固耦合力学模型，来增强煤层的渗透性[126-128]。

(2) 煤层瓦斯两相多物理场耦合模型

赵阳升等基于前期的研究工作，应用可变形多孔介质运动方程、瓦斯渗流方程，结合用有效应力表示的等效孔隙压力系数公式提出了煤层瓦斯流动的固气数学模型，完善了其数值解法[129-131]。梁冰、章梦涛等自 1995 年以后，基于塑性力学理论，利用煤和瓦斯耦合作用下的本构方程，对煤和瓦斯耦合作用影响下煤与瓦斯突出的失稳机理进行了研究，提出煤与瓦斯突出的固流两相耦合的失稳理论，更进一步发展了瓦斯突出的固气耦合数学模型[132-134]。丁继辉、明俊智等基于多相介质力学，从热力学第二定律出发，在考虑了固相有限变形影响的基础上，以应力的二阶功最小原理作为突出发生的准则，建立了煤与瓦斯突出的固流两相介质耦合失稳的数学模型及有限元方程[135-137]。

李树刚等在采场卸压瓦斯运移规律明显受矿山压力影响的认识基础上，将煤岩体看作可变形介质，根据魏家地煤矿 110 综放工作面的矿压观测及瓦斯涌出监测结果，研究了综放开采矿山压力下，煤岩体变形对瓦斯运移的影响规律。通过借助现代化的电液伺服岩石力学实验系统，以数控瞬态渗透法进行了全应力应变过程的软煤样渗透特性实验，得出煤样渗透性与主应力差、轴应变、体积应变关系曲线，拟合出方程，首次提出煤样渗透系数-体积应变方程应作为耦合分析中主要的控制方程[138-142]。

曹树刚、鲜学福院士等在分析煤层瓦斯流动特性的基础上，提出原煤吸附瓦斯贡献系数，建立了煤层瓦斯流动的质量守恒方程，基于煤岩流变力学实验，建立可用来研究煤与瓦斯延迟突出机理的含瓦斯煤的固气耦合数学模型，并进行了数值分析[143-144]。梁冰、刘建军等根据瓦斯的吸附规律和煤与瓦斯固气耦合作用的机理，建立了考虑温度场、应力场和渗流场的固气耦合数学模型，并对不同温度下煤岩体应力和瓦斯压力的分布规律进行了数值模拟计算[145]。唐春安、杨天鸿等根据煤岩体介质变形与瓦斯渗流的基本理论，建立了考虑煤岩体变形损伤、流变及瓦斯渗流的含瓦斯煤岩破裂过程流固耦合模型，并给出了数值求解方法[146-149]。王亮、王宏图、杨建平等通过研究地应力、温度和电磁效应对含瓦斯煤层渗透特性的影响，在分别建立煤层瓦斯运动方程、连续性方程、气体状态方程和含量方程的基础上，推导出考虑地应力场、地温场和地电场中的煤层瓦斯渗透率以及煤层瓦斯渗流方程[150-153]。王登科等利用自行研制的三轴瓦斯渗流实验系统，研究了煤层瓦斯的渗流特性，提出了将气体动力黏度和压缩因子影响与克氏效应相结合来计算煤层瓦斯渗透率的方法[154]。刘佳佳等基于多物理场耦合模型理论，建立了考虑克氏(Klinkenberg)效应、有效应力和减压收缩对瓦斯渗流的多物理场流固耦合模型[155]。张春会等通过实验研究了煤中瓦斯渗透率与瓦斯压力和围压的关系，得到的赵阳升公式能较好地模拟瓦斯渗流的 Klinkenberg 效应及围压对煤渗透率的影响。将赵阳升公式引入煤层瓦斯渗流应力弹塑性耦合模型，建立了基于 Klinkenberg 效应的煤层渗流-应力弹塑性耦合数学模型[156]。

考虑应力场、温度场及电磁场等多场耦合作用下的煤层瓦斯渗流力学模型在指导瓦斯抽采中取得了一定成果，但大部分是集中于以连续介质为基础的宏观研究方法。近年来刘继山(J. Liu)、达纳(E. Dana)、刘金才、速宝玉、朱珍德、比布蒂(B. Bibhuti)等对裂隙岩体、块裂岩体以及破裂岩体的渗透、渗流力学特性进行了广泛的研究[157-163]。

(3) 固气液三相多物理场耦合模型

孙可明、梁冰、王锦山基于气溶于水的条件下，建立了煤层气开采过程中的煤岩骨架变形场和渗流场以及物性参数间耦合作用的多相流体流固耦合渗流模型[164]。之后又建立了考虑解吸、扩散过程的煤岩体变形场与气、水两相流渗流场的多相流固耦合模型并进行了数值模拟，通过与实测数据相对比，模型建立可靠，比较接近实际[165]。骆祖江、陈艺南等系统地论述了水、气二相渗流耦合模型的全隐式联立求解的方法与原理，并将该法应用于沁水盆地 3# 煤层气井气、水产量的预测中，收到良好的效果[166]。刘建军利用流体力学、岩石力学及传热学等相关理论，给出了考虑温度场、渗流场和变形场作用下的煤层气-水两相流体渗流理论，并通过数值模拟的方法，研究了煤层气开发时温度效应对其的影响[167]。王锦山等将有效应力、孔隙流体压力分别引入渗流物性参数中，探讨了水-气两相流在煤层中的运移规律[168]。林良俊、马凤山建立了水-气两相流与煤岩变形的微分方程，运用有限元分析法对水-气两相流耦合模型和煤岩变形模型进行了数值解法讨论[169]。刘晓丽、梁冰等在基于岩体渗流水力学和多相渗流力学理论的基础上,建立了水-气两相渗流与双重介质变形的流固耦合数学模型[170]。尹光志等将瓦斯吸附膨胀应力引入多孔介质的有效应力原理中,推导出了适合含瓦斯煤岩有效应力的公式。在分析含瓦斯煤岩不同变形阶段孔隙度和渗透率变化特征的基础上,建立了含瓦斯煤岩固气耦合动力学模型[171],并利用此动态模型,建立了描述含瓦斯煤岩固气耦合情况下的骨架可变形性和气体可压缩性的固气耦合模型[172]。李祥春等在考虑煤吸附瓦斯产生的膨胀应力的前提下,建立了煤层瓦斯流-固耦合数学物理模型,对煤层气-固耦合进行了研究[173]。

1.2.3 卸压瓦斯运移规律研究现状

在煤层开采过程中,由于采动卸压作用,卸压范围内的围岩发生不同程度的变形、破裂,直至断裂,大大提高了煤岩渗透性。因此,这个卸压区域将是瓦斯抽采的重点。章梦涛、梁冰、蒋曙光、丁广骧、梁栋、黄元平、李宗翔、刘卫群、胡千庭、梁运培、张国枢等将瓦斯在采空区垮落带中的运移规律视为瓦斯在多孔介质中的动力弥散过程,通过理论分析及数值分析的方法建立了给定条件下采空区渗流分析模型,得到了采空区渗流场与瓦斯浓度分布特征[112,174-184]。程远平、俞启香等研究了上覆远程卸压岩体移动和裂隙分布以及远程卸压瓦斯的渗流流动特性,提出了符合远程卸压瓦斯流动特性的远程瓦斯抽采方法[185]。孙培德、梁运培等基于煤岩介质变形与煤层气渗流之间存在的相互作用,提出了煤层瓦斯渗流的固气耦合数学模型[186-188]。

钱鸣高院士、许家林等基于关键层理论,提出煤层采动后上覆岩层采动裂隙呈"O"形圈分布特征,将其用于指导淮北桃园矿、芦岭矿卸压瓦斯抽采钻孔布置,并研究了关键层破断对邻近煤层瓦斯涌出的影响[16,48,189-193]。袁亮、刘泽功等基于煤层采动后上覆岩层所形成的"O"形圈分布特征,探讨了采空区顶板瓦斯抽采巷道的布置原则,分析了实施顶板抽采瓦斯技术前后采空区等处瓦斯流场的分布特征,并在淮南矿区实践了留巷钻孔法等煤与瓦斯共采技术[194-198]。郭玉森、林柏泉等通过单元法实验,初步研究了开采过程中卸压瓦斯储集与采场围岩裂隙的动态演化过程之间的关系,分析了采空区瓦斯在裂隙中运移规律[199]。李树刚等在采动裂隙椭抛带的认识基础上,应用环境流体力学和气体输运原理,通过建立瓦斯在裂隙带升浮的控制微分方程组(包括连续方程、动量方程、含有物守恒方程和状态方程并服从相似假定和卷吸假定),计算得到了瓦斯沿流程上升时与源点距离的关系,从而阐述了卸压瓦斯在椭抛带中的升浮-扩散运移理论,并提出几种抽采卸压瓦斯方法[51,200-202]。卡拉坎(C. Ö. Karacan)等基于动态演化三维裂隙带模型,通过数值模拟分析了地面钻孔的布置参数[203-204]。李树刚等基于岩层控制关键层理论,结合采动裂隙椭抛带动态演化数学模型，通过对山西天池煤矿卸压瓦斯抽采的现场实践得出采动裂隙椭抛带是卸压瓦斯的储运区[52]。洛锋、曹树刚等通过三维模型重构，结合 COMSOL Multiphysics 数值模拟软件，对三种不同通风方式下的瓦斯运移及富集规律进行了研究[205]。李树清、何学秋、李绍泉等认为双重卸压开采上覆岩层的移动对瓦斯抽采有很大的影响，提出了近距离煤层群重复卸压开采瓦斯立体抽采模式，用于上覆煤层和下伏煤层裂隙通道的综合瓦斯抽采[206]。王伟等将煤岩层分成了原始应力区、卸压增透区和重新压实区三个区域，得到了卸压增透区的形成与上保护层回采到基本顶来压垮落时间段基本保持一致，基本顶来压步距越大，卸压增透区长度越长的结论[207]。田富超等建立了远距离煤层群开采条件下围岩应力分布与瓦斯运移的多物理场耦合模型。结合峰峰集团 172104 工作面实际情况，进行了瓦斯抽采，并消除了突出危险性[208]。

1.2.4 物理相似模拟实验研究现状

20 世纪 30 年代，苏联学者库兹涅佐夫最先提出了相似理论。随后许多国外学者在相似理论和因次分析的基础上，衍生出从物理实验、力学实验、模型实验直到工程实践来解决实际问题的方法，被许多国家广泛应用。目前，物理相似模拟实验已成为国内外矿业领域研究解决现场实际问题的一种重要手段[209]。物理相似模拟实验首先要测定煤矿地质条件相关岩层的力学参数，然后利用不同的材料相互配比，模拟现场实际岩层的相关参数，在模型架中制成模型，通过相似比使岩层力学性质按相同比例变化，再现现场生产实际的全过程及规律，这种方法是在实验室中进行的物理模型法。

1958 年，北京矿业学院（现中国矿业大学）率先在实验室搭建了物理相似模拟模型实验架。此后，西安矿业学院（现西安科技大学）、阜新矿业学院（现辽宁工程技术大学）、山东矿业学院（现山东科技大学）等先后开始搭建模型实验架，并利用其进行相关研究，逐渐扩展到冶金、建筑、水利、工程地质等相关领域[210]。从 20 世纪 50 代开始，国内物理相似材料模拟技术主要以平面应力相似模拟模型、单相实验为主，研究煤层开采过程上覆煤岩体破坏及活动规律、地表沉陷等问题。从 20 世纪 80 年代末开始，国内外相继出现了平面应变相似模拟模型实验架，如埃森岩石力学研究中心研制了 10 m 应变模型，这种模型结构复杂、造价高，还必须采用伺服机构[210]；洛阳工程兵部队制作了 0.15 m×0.15 m×0.12 m 卧式平面应变实验台；中国矿业大学研制了立式平面应变相似模拟实验台和平板式模拟实验台；西安科技大学教育部重点实验室开发了“固-液-气”三相平面模拟实验台，往后研制了二维可变倾角采动覆岩裂隙演化物理相似模拟实验台和煤与瓦斯共采小型三维物理模拟实验台；太原理工大学采矿工艺研究所研制了三维固流耦合模拟实验台；重庆大学研制了二维可旋转物理相似模拟实验台；清华大学开发了离散化多主应力面加载及监测系统；山东大学研制了组合式三维地质力学模型实验台装置；中国矿业大学(北京)研制了真三轴巷道平面模型实验台等。

目前国内对于物理相似模拟实验研究的应用正处于相对萎缩状态，除了清华大学和长江科学院还承担着工程实验外，其他相关科研单位及高校现在倾向于利用数值模拟软件进行数值模拟研究，认为数值模拟相对简单、快捷，便于分析和采用。但是，大部分专家普遍认为物理相似模拟是数值计算无法完全取代的，通过模型实验，不但可以模拟现场实际的生产过程，还能观察模拟过程中产生任何变化的演化过程[210-211]。目前关于固气耦合物理相似模拟模型实验方面的应用研究较少，同行专家指出其研究难度较大，特别是在耦合相似理论、相似材料选择及其配比、实验过程中气体的密封、测试手段及可视化等方面具有较大的困难，认为这方面的研究不但具有学术意义和实践意义，还具有极为广泛的应用价值。

1.2.5　研究存在的问题

基于相关研究现状的深入理解和分析，我国在煤与瓦斯安全共采理论与技术研究及物理相似模拟实验研究等方面已取得了诸多重要的成果，在一定条件下已形成较为严密的理论体系，并在煤与瓦斯安全共采方面起到了积极作用，但是由于问题本身的复杂性，影响因素比较多，仍有一些问题需进一步研究。

① 目前主要是通过物理相似模拟实验或数值模拟实验得到采动裂隙场的分布及演化规律，进而分析其中的瓦斯运移规律，在工程实践中还没有基于采动裂隙场变化的固气耦合实验研究，固气耦合模拟实验台需要进一步完善，相似实验材料也需要进一步优化选择。

② 当前主要是在实验室内对煤岩块渗透性的测定，只能局限于测试某一位置或某几个点的煤体渗透率，不能扩展到更大的空间范围，相似实验材料的渗透率测试相关技术需要进一步研究。

③ 尽管许多学者进行了覆岩采动裂隙与卸压瓦斯渗流耦合规律研究，但主要采用基于各种数学、力学的基础上进行理论分析和数值模拟等方法，对于运用固气耦合物理相似模拟实验进行覆岩采动裂隙与卸压瓦斯渗流耦合规律的研究尚未完全开展。

1.3　主要研究内容

1.3.1　研究内容

(1) 推导固气耦合相似模拟实验的相似条件

根据连续介质的固气耦合数学模型，基于弹性力学、岩石力学、渗流力学等相关基础理论推导煤岩体的弹性力学和气体动力学相似条件，得到固气耦合的相似条件。

（2）研制适合固气耦合模拟实验的相似材料

从多种高分子材料中选择适合固气耦合模拟实验的密封材料，通过对不同配比试件物理力学参数的测试，确定适合于固气耦合模拟实验覆岩开采条件的实验材料配比。

（3）研发固气耦合相似材料模拟实验台

自主设计、研发固气耦合相似模拟实验台，完善固气耦合模拟实验平台的开采系统、充气系统、测试系统（包括煤岩体应力测试及气体流量测定）。

（4）煤岩层渗透性与裂隙演化规律实验

在固气耦合模拟实验台上进行覆岩渗透率测定和裂隙演化实验，通过观测实验过程中气体流量、煤层开采后的覆岩中的应力、煤岩层垮落后形成的离层率、裂隙密度、垮落范围、垮落形态等，研究采动条件下裂隙时空演化特征及渗透率变化规律。

1.3.2 技术路线

在查阅文献资料的基础上，完善物理相似模拟实验材料、岩石力学、渗流力学、数值模拟等与课题研究相关知识，整合关于采动裂隙演化与卸压瓦斯渗流相关理论知识，为实验研究打下理论基础；根据课题需要，在原有相似材料模拟实验的基础上，选择适合本课题研究的相似模拟材料和研发研究需要的实验台，进行煤岩层渗透率变化规律和裂隙演化规律物理相似材料模拟实验，研究煤层开采后，在矿山压力作用下的采动裂隙场及卸压瓦斯渗流场的耦合规律。研究技术路线如图 1-2 所示。

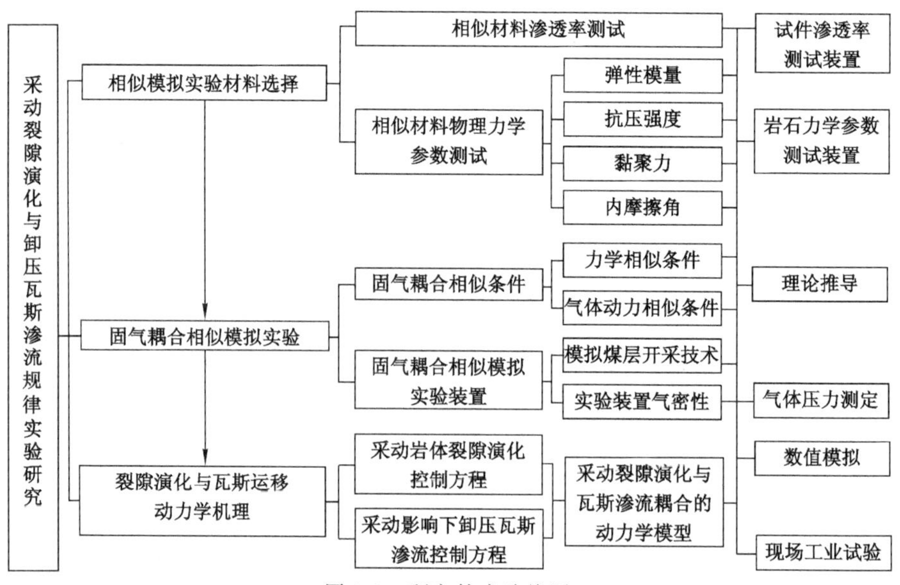

图 1-2 研究技术路线图

2　采动裂隙场与卸压瓦斯渗流耦合数学模型及相似条件研究

2.1　采动裂隙场的多孔介质性质分析

2.1.1　采动裂隙场的成因机制

在物理学中，场是由具有空间函数关系的物理量构成的，它是物质存在的一种基本形式，具有质量、动量和能量等特征，例如电场、磁场等。裂隙本身具有大小（宽度、长度）、方向（倾向、倾角）的特征，裂隙发育及演化过程包含着能量和动量，裂隙的存在影响着自身以及与其他物体之间的力学关系。从这个意义上讲，引入裂隙场的概念具有合理性，不但可以带来描述上的方便，还可以深化研究内容。

目前，国内外对裂隙场还没有一个明确的定义，与严格的物理场定义还有一定的区别。本书中所指的裂隙场是裂隙活动的范围，是随着工作面的推进，在上覆岩层中形成的一个动态演化的裂隙空间。

图 2-1 描述了模拟实验的工作面上覆顶板岩层破坏特征。取图中的 AOB 层进行分析，A-O 段处在煤岩体中，B-O 段处在悬臂位置，并且上面承受一定的载荷，主要来自上覆岩层。载荷 q 分布不均匀，以 O 点为中心的一定范围内的载荷接近于零，该层可看作为悬臂梁受力状态[75,195]。根据岩层破坏特征，该层的底面 c-d 段因弯曲受岩石层挤压，上面 e-f 段受拉，同时还受到剪应力作用，

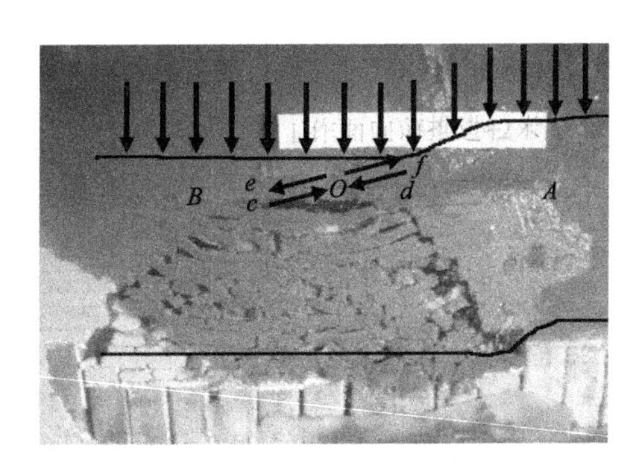

图 2-1　采动覆岩受力分布图

产生剪裂隙或上面产生张裂隙，大部分与岩层面斜交，沟通上下层面，这些裂隙在相当长时间内不会压实。

钱鸣高院士认为，煤层开采后，引起上覆岩层的移动和破断，上覆岩层在关键层未破断失稳前，将以温克勒（Winkler）弹性地基结构形式产生挠曲下沉变形，此时，关键层下部将产生不协调的连续变形离层[36]。所以，主关键层与亚关键层之间、亚关键层与亚关键层之间变形不协调，形成岩层移动中的离层和各种裂隙，以及随工作面的推进，依次向上发展具有破断与离层特征的上覆岩层，构成了采动裂隙场。

裂隙场内部的岩层在垂直方向上受到拉伸作用和水平方向上受到压缩作用，发生破坏、变形，存在压应力区，其破坏状况可从以下4个区域分析[40]。

① 塑性区。岩层发生塑性变形，在某些区域内岩层在剪切力的作用下发生破坏。

② 弹性区。岩层只发生弹性变形，完整没有断裂、破坏，即在该区域内受采动影响的岩层没有产生新的破坏。

③ 拉张裂隙区。岩层上的某一点受到的拉应力作用大于岩体的抗拉强度，从而产生的拉张裂隙，贯通后的拉张裂隙形成裂隙带。

④ 拉张破坏区。若岩层在双向受到的拉应力远远大于岩层的抗压强度，即在拉应力作用下，则会拉断或拉开岩层。

2.1.2 采动裂隙场裂隙组成的基本特征

受采动影响，采场中存在大量的裂隙，裂隙系统由煤岩体的层理、节理和裂隙组成。从形成原因上可分为三种不同的裂隙：一是煤岩体在原始地质作用下所形成的原始孔隙、裂隙，即原生裂隙；二是煤岩体受采掘活动影响形成的采动裂隙，即再生裂隙；三是由于煤岩体受外部力（如构造应力）的作用而产生的裂隙，称为外生裂隙[71]。

一般而言，原生裂隙的分布只与煤岩层在原始地质作用下形成的煤岩性质、原始应力状况等因素有关，其空隙通道的平均尺寸和渗透性相对于采动形成的再生裂隙来说要小多个数量级。再生裂隙的分布具有很大的随机性，一般情况下再生裂隙较大，与工作面的采高、垮落岩体的体积大小及排列状况、二次应力分布状况等因素有关，并且裂隙通道的平均尺寸和渗透能力都很大，是采动裂隙场中瓦斯气体（或瓦斯-空气混合的气体）流动的主要通道。随着外部载荷的加大，再生裂隙破坏进一步扩展，但扩展达到一定程度就会停止，这主要取决于最小主应力与最大主应力的比值和原始裂隙长度。

裂隙场内的裂隙分为随岩层下沉在层与层之间出现的沿层面的离层裂隙和随岩层下沉破断形成的穿层裂隙。离层裂隙造成煤层膨胀变形而使瓦斯卸压，并使卸压瓦斯沿离层裂隙流动，而穿层裂隙是沟通上、下岩层间瓦斯运移的通道。

2.1.3 采动裂隙场煤岩破坏特征

随着采煤工作面向前推进，裂隙由下至上逐步发育，形成不同的裂隙网络。当工作面推进一定距离时，在采动应力作用下裂隙首先从低强度层面产生，以层间开裂为中段向采空区内侧和外侧扩展，随着工作面的进一步推进，原有的裂隙网络发生变化，即扩展、闭合和张开，叠加新裂隙，使煤岩体裂隙分布更趋于复杂[75]。

当采动裂隙场形成时，场内上覆岩层出现较大的弯曲、变形和破坏，不仅产生离层裂隙，而且由于拉应力的作用而产生大量的垂直或斜交于层理面的裂缝或断裂。裂隙场内煤岩体与未开采前的原始煤岩体相比具有以下特征：

① 裂隙场内煤岩体张开度变大。煤岩体的张开度大小主要受裂隙面上应力方式和大小影响。当有效应力为拉应力时，张开度随着有效应力的增加而增大。当有效应力为压应力时，随着有效应力的增加而减小。

② 裂隙场内煤岩体的渗透率变大。

③ 裂隙场中裂隙杂乱无章，在平面中呈网状结构。

2.1.4 采动裂隙场的多孔介质性质

(1) 多孔介质概念

多孔介质一般是指固体材料内部含有的大量的孔隙。在自然界中，许多物质都可以看作为多孔介质，如煤炭、土壤、矿石堆、木材等。多孔介质是由固体的骨架和孔隙组成的，而孔隙一般被液相、气相或气液两相所占据。相互连通的孔隙称为有效孔隙，不相通或者虽然相通但流体很难流通的孔隙称为死端孔隙[212]。

对于多孔介质来说，孔隙率是其骨架的基本性质。假设 P 为多孔介质区域内的一点，考虑一个比单个孔隙大的球体体积(P 是其质心)，对于该球体体积可确定的比值：

$$n_i \equiv n_i(\Delta u_i) = (\Delta u_v)_i / \Delta u_i \tag{2-1}$$

式中 $(\Delta u_v)_i$ —— Δu_i 孔隙空间体积。

重复同样的过程，逐步缩小以 P 为质心的 Δu_i 尺寸，若 $\Delta u_1 > \Delta u_2 > \Delta u_3 > \cdots$，便得到一系列的 $n_i(\Delta u_i)$ 值，当 Δu_i 减小时，比值 n_i 逐渐变化。图 2-2 表示 n_i 与 Δu_i 之间的关系。

介质在 P 点的体孔隙率 $n(P)$ 定义为，当 $\Delta u_i \to \Delta u_0$ 时，比值 n_i 的极限。

$$n(P) = \lim_{\Delta u_i \to \Delta u_0} n_i[\Delta u_i(P)] = \lim_{\Delta u_i \to \Delta u_0} \frac{(\Delta u_v)_i(P)}{\Delta u_i} \tag{2-2}$$

由上式可知，体积 Δu_0 为多孔介质在点 P 处的表征单元体，即多孔介质在点 P 处的物理点或物质点，并且当 Δu_i 增减一个或几个孔隙时，对 n 值不会有明

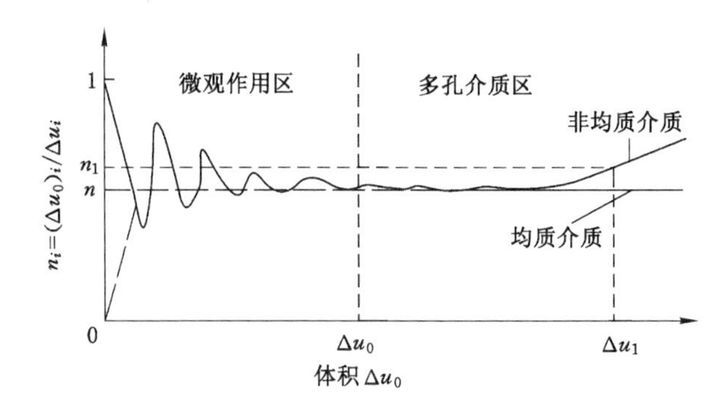

图 2-2　孔隙率与表征单元体的定义

显的影响。

在多孔介质中，流体可以通过有效孔隙从多孔介质的一端流向另一端，因此根据上述多孔介质的定义，渗流力学认为多孔介质应具有以下几个特点[213]：① 多相性。多孔介质中存在多相，至少有一相不是固相，其中固相部分称为固体骨架，固体部分以外称为裂隙空间。② 在多孔介质所占据的空间内，固体骨架相应遍布整个多孔介质，即在每一个表征单元体内必须存在固体颗粒，固体骨架具有很大的比表面积，裂隙空间的空隙比较狭窄。③ 至少构成空隙空间的某些孔洞互相连通，即从介质的一侧到另一侧至少有若干连续的通道。

（2）采动裂隙场的多孔介质性质

根据多孔介质定义，对于采场上覆岩层所形成的裂隙场，从场内覆岩体破坏特征及内部气体的特点来看，可以将采动裂隙场视为多孔介质，主要原因有以下几点：

① 如将采动裂隙场视为一个研究整体，由气体（瓦斯或瓦斯与空气混合的气体）、煤岩固体块以及裂隙组成，则它具有多相性。

② 裂隙场中破坏的煤岩体之间的裂隙相对于整个裂隙场的范围来说是狭窄的。

③ 裂隙场中的各煤岩体之间的裂隙是相互贯通的。

因此，可以认为采动裂隙场具有渗流力学中所描述的多孔介质的性质，这为构建采动裂隙场与卸压瓦斯渗流耦合数学模型提供了理论基础。

2.2　裂隙场中瓦斯来源及其流态

2.2.1　采动裂隙场中瓦斯来源

采动裂隙场瓦斯的来源与含瓦斯煤岩层赋存状况及开采技术条件有关，主要来自开采层和邻近层（含围岩），如图 2-3 所示，具体由以下四个方面组成[51]。

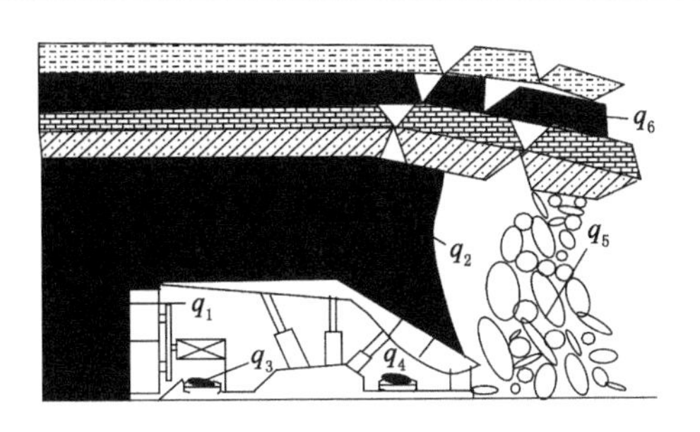

图 2-3　采动裂隙场瓦斯涌出源示意图

(1) 开采层煤壁瓦斯涌出

开采层煤壁瓦斯涌出由两部分组成：一是采煤工作面煤壁的不断暴露而涌出的瓦斯 q_1；二是在矿山压力作用下，支架上前方顶煤的应力平衡状态遭到破坏，出现渗透性增加的卸压带。由于煤体内部到煤壁间存在瓦斯压力梯度，瓦斯沿卸压带的裂隙从顶煤壁涌出，表现为沿流场边界的持续稳定涌出瓦斯 q_2。

(2) 采放落煤的瓦斯涌出

采放落煤的瓦斯涌出是由以下两部分构成：一是采落煤炭的瓦斯涌出 q_3；二是放冒顶煤时，当煤层由整体垮落为松散体时，内部的瓦斯在短时间内释放，表现为边界放煤处的瓦斯瞬间涌出 q_4。

(3) 采空区遗煤的瓦斯涌出

采空区遗煤的瓦斯涌出主要是残留在采空区的放落煤体继续释放的瓦斯 q_5，其主要由煤层的采出率所控制并随时间的推移逐渐减少。

(4) 邻近煤岩层的瓦斯涌出

若综放面有上下邻近煤层或工作面的围岩也含有瓦斯，则应考虑邻近煤层以及围岩瓦斯涌出 q_6。

由图 2-3 可见，q_1、q_3 和 q_4 首先直接涌入综采面风流中，接着随工作面漏风进入采空区，然后与 q_2、q_5 和 q_6 一起进入裂隙场，表现为采空区瓦斯涌出。

采动裂隙场各瓦斯涌出源的瓦斯涌出量大小除主要取决于煤层瓦斯含量外，还与开采强度密切相关。在煤层瓦斯含量为定值的情况下，q_1、q_2、q_3 和 q_4 的大小与工作面采、放煤量成正比；q_5 除与产量有关外，还与工作面采出率密切相关，采出率越小，则 q_5 越大。瓦斯源 q_6 除取决于开采强度外，还与邻近层厚度、邻近层至开采层距离、层间岩层性质、邻近层瓦斯原始压力以及煤层透气性系数等因素密切相关。

2.2.2　采动卸压瓦斯运移模式

卸压瓦斯的运移与岩层移动和采动裂隙的动态分布特征有着紧密的联系。煤岩体中裂隙和孔隙构成了卸压瓦斯的运移通道，卸压瓦斯在煤岩体中一般由高压力区域流向低压力区域[214]。裂隙场内的瓦斯气体主要是卸压瓦斯在压力差的作用下运移至场内的，如图 2-4 所示。

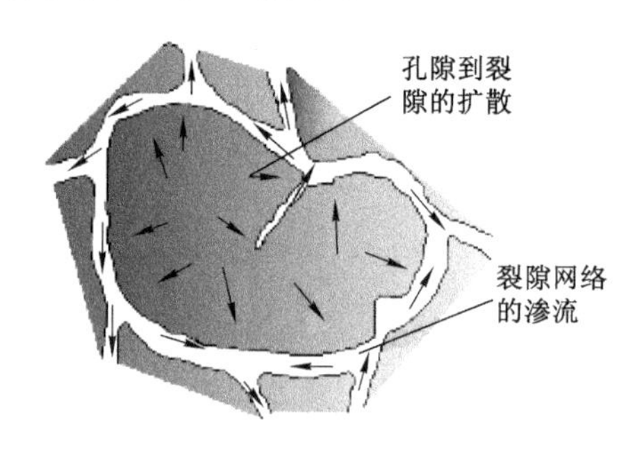

图 2-4　瓦斯运移过程示意图

在原始煤岩体内，瓦斯处于高压稳定平衡状态，80%～90%的瓦斯吸附在煤岩体表面，其余瓦斯则以游离状态存在于裂隙或孔隙中[215]。在煤层开采初期，高压瓦斯卸压，首先运移至采空区内的瓦斯主要是煤岩体内的游离状态瓦斯。煤体内游离状态瓦斯流出裂隙后，在煤层内部逐渐形成由内到外的瓦斯浓度差，在浓度差的作用下，煤体内部瓦斯开始解吸，解吸出的瓦斯在扩散作用下运移到裂隙，通过裂隙流向采空区，此时，煤体内部和裂隙中的瓦斯压力同时下降，使同一煤层区域瓦斯运移至采空区，瓦斯压力逐渐下降。工作面开采时，覆岩体的原始应力平衡状态遭到破坏，逐渐松动变形，随着煤岩体承压的降低，孔隙和裂隙扩大，瓦斯运移通道更加通畅，采空区内的卸压瓦斯在其压力差作用下沿着裂隙通道以渗流的形式在裂隙场内运移。

由此可以看出，在煤层开采后，受采动影响，含瓦斯煤层发生变形、卸压、透气性增大，岩层裂隙发育，形成了卸压瓦斯“解吸—扩散—渗流”的运动条件。

2.2.3　采动卸压瓦斯渗流关键控制因素

瓦斯渗流速度取决于煤岩体的渗透性，而煤岩体渗透性除了与自身的孔隙、裂隙发育程度有关，还受到其他许多因素影响。根据渗流力学的研究，流体在煤岩体的渗透性是通过渗透率的大小来衡量的，其与流体的性质和煤岩体骨架变形都有关系[215]。

(1) 煤岩体孔隙度动态变化

孔隙度与多孔介质固体骨架的变形、结构和排列方式相关。在受到外力的作用时，孔隙度也会发生变化。假设在微小变形条件下，煤岩体颗粒密度 $\rho_{固}$ 不发生变化时，有 $\rho_{固}=\text{const}$，孔隙介质的孔隙度变化方程可表示为：

$$\frac{\partial n}{\partial t}=a\frac{\partial \varepsilon_v}{\partial t}+\frac{1-n}{k_s}\frac{\partial p}{\partial t} \tag{2-3}$$

对上式进行积分，忽略体积应变的二阶项，有

$$n = n_0 + a\Delta\varepsilon_v + \frac{1-n}{k_s}\frac{\partial p}{\partial t} \tag{2-4}$$

式中　n_0 ——煤岩体在原始状态下的孔隙度；

$\Delta\varepsilon_v$ ——煤岩体的体应变增量；

a ——表征煤体渗透率或孔隙度随应变变化快慢的参数；

k_s ——煤岩体骨架的体积膨胀系数。

在等温条件下，可将公式(2-4)转化为：

$$n = \frac{n_0 + \varepsilon_v - \varepsilon_\mu}{1 + \varepsilon_v} \tag{2-5}$$

式中　ε_μ ——吸附膨胀变形量。

当忽略吸附瓦斯对变形的影响，即 $\varepsilon_\mu = 0$ 时，则公式(2-5)可变形为：

$$n = \frac{n_0 + \varepsilon_v}{1 + \varepsilon_v} \tag{2-6}$$

(2) 煤岩体渗透率动态变化

渗透率是岩体介质特征的函数，表示岩体介质传导流体的能力。对于均质各向同性孔隙介质而言，其渗透率 k 为：

$$k = c \cdot d^2 \tag{2-7}$$

式中　d ——煤岩颗粒的有效粒径；

c ——比例常数。

研究表明[87,109]，多孔介质的渗透率与其孔隙度增量之间大体上服从线性函数、半对数函数、对数函数或指数函数关系，当渗流的非线性比较明显时，可令渗透率张量与孔隙度增量 Δn 之间服从指数函数关系：

$$k_{ij}(\Delta n) = k_{0,ij}\exp(\alpha_1 \Delta n) \tag{2-8}$$

式中　$k_{0,ij}$ ——初始瓦斯渗透率张量；

α_1 ——影响系数。

当煤岩体的孔隙度发生变化时，渗透率会随之而变，从而影响煤岩体内瓦斯的流动。根据渗流力学的科泽尼-卡曼(Kozeny-Carman)方程可导出渗透率与体积应变的关系——介质的体积变化等于介质的孔隙体积变化，经过推导可以得到渗透率与体积应变的关系：

$$\frac{k}{k_0} = \frac{1 + \dfrac{\varepsilon_v - \varepsilon_\mu}{n_0}}{1 + \varepsilon_v} \tag{2-9}$$

等温渗流过程中渗透率与体积应变的关系式变为：

$$k = k_0 \frac{\left(1 + \dfrac{\varepsilon_v}{n_0}\right)^3}{1 + \varepsilon_v} \tag{2-10}$$

通过实验可知[145]，煤岩体在损伤破裂后将引起其渗透率急剧增大，渗透率的增大倍数可由 ξ 来定义，则煤岩体的渗透率可表示为：

$$k=\begin{cases}k_0\mathrm{e}^{-\beta(\sigma_3-\alpha p)}\ (D=0)\\ \xi k_0\mathrm{e}^{-\beta(\sigma_3-\alpha p)}\ (0<D<1)\\ \xi' k_0\mathrm{e}^{-\beta(\sigma_3-p)}\ (D=1)\end{cases}\tag{2-11}$$

其中，k_0 为无应力状态下的初始渗透率；p 为孔隙压力；D 为损伤变量；ξ、ξ'、α、β 分别为基元损伤情况下的渗透率突跳系数、基元完全破坏情况下渗透率突跳系数、孔隙压力系数和应力对孔隙压力的耦合系数，这些系数由实验确定。

从上述分析可以看出：渗透率 k 是孔隙度 n 的函数，孔隙度的变化取决于煤岩体的体积应变值。可见渗透率 k 和孔隙度 n 均随采动应力的变化而变化，也就说明，卸压瓦斯流动与采动应力之间存在着耦合关系。

2.2.4 采动裂隙场内气体的流态

采动裂隙场中的气体渗流过程十分复杂，但可以将其视为在多孔介质内的渗流，裂隙场内气体渗流状态可用雷诺数（Re）来进行判别[216]，判别准则与普通流场一致，即

$$Re=\frac{q\cdot k}{v\cdot d_m}\tag{2-12}$$

式中 q ——多孔介质中流体的渗流速度，m/s；

k ——渗透率，m^2；

d_m ——平均调和粒径，m；

v ——运动黏性系数，m^2/s。

实验表明[217]，瓦斯在多孔介质的渗流流态分为 3 种：$Re>2.5$ 时为湍流状态，$0.25<Re\leqslant 2.5$ 时为过渡流状态，$Re\leqslant 0.25$ 时为层流状态。采动裂隙场内的瓦斯渗流区域主要包括层流区、过渡流区和湍流区。在层流区中，瓦斯渗流黏性阻力比渗流加速度惯性力要大得多，黏性阻力占优势，该区域瓦斯渗流符合线性渗流规律；在过渡区中，煤岩体受到采动应力的影响，孔隙度增大，瓦斯渗流流态处于线性渗流到湍流之间，渗流加速度惯性力逐渐变大，属于非线性渗流；在湍流区中，瓦斯渗流流动阻力将由层流下的分子黏滞阻力逐渐过渡到湍流涡阻力。

在通常情况下，靠近工作面的采空区一个很小范围内，漏风风速较大，而其他区域则呈现类似于小雷诺数的渗流。因此，可认为采动裂隙场中气体的渗流规律在孔隙压力变化微段内为线性，遵从达西定律，表示为瓦斯的流速与其压力梯度成正比，即

$$q=-\frac{k}{\mu}\frac{\partial p}{\partial l}\tag{2-13}$$

式中 k ——煤岩体的渗透率,m^2;

$\frac{\partial p}{\partial l}$ ——瓦斯的渗流梯度,Pa/m;

μ ——瓦斯的绝对黏度,Pa·s。

在整个区段上则服从非线性渗流规律,可由欧根(Ergun)方程来表示[218],即

$$\frac{\partial \theta_i}{\partial x_i} = -\frac{\mu}{k}q_i - C_2\rho q_i{}^2 \tag{2-14}$$

式中 θ_i ——采动裂隙带的气压函数,一般考虑重力的影响,$\theta_i = p + \rho g_i$;

C_2 ——内部损失率。

$$C_2 = \frac{1.75(1-n)}{n^3} \tag{2-15}$$

式中 n ——孔隙度,$n = 1 - 1/K_p$,其中,K_p 为采动裂隙带内某点的碎胀系数,可由物理相似模拟实验确定。

2.3 采动裂隙场与卸压瓦斯渗流固气耦合数学模型

2.3.1 采动裂隙场中气体的基本特征

(1) 裂隙场中的气体遵守质量守恒定律

由质量守恒定律知,在 Δt 时间内,多孔介质的流动场中,任一控制体单元中流体质量的变化是流入该体积的质量和流出该体积的质量差加上该控制体单元本身吸收或产生的质量,即

$$\mathrm{div}(\rho q) + \frac{\partial(\rho n S_w)}{\partial t} = M \tag{2-16}$$

式中 ρ ——流体密度,kg/m^3;

q ——比流量矢量,$m^3/(m^2 \cdot d)$;

n ——孔隙度,%;

S_w ——饱和度,%;

M ——该体积内单位时间流体质量的变化量,$kg/(m^2 \cdot d)$。

如果多孔介质内孔隙空间中流体是饱和的,那么 $S_w = 1$;如果该控制体单元没有吸收和产生气体,那么 $M = 0$,则有:

$$\mathrm{div}(\rho q) + \frac{\partial(\rho n)}{\partial t} = 0 \tag{2-17}$$

因为所假设的控制体单元尺寸很小,所以其中气体密度 ρ 随时间的变化在一般情况下都远大于它随空间的变化,即有:

$$q \cdot \mathrm{grad}\, \rho \ll n\frac{\partial \rho}{\partial t} \tag{2-18}$$

则式(2-18)可以近似表示为：

$$\rho \operatorname{div} q + n\frac{\partial \rho}{\partial t} = 0 \tag{2-19}$$

如果气体不可压缩，则有 $\frac{\partial \rho}{\partial t} = 0$，即 $\operatorname{div} q = 0$，也就是说流入和流出控制体单元内的气体质量不随时间变化。

裂隙场中煤岩体是多孔介质，气体的流动过程属于在多孔介质中运动过程，且气体可以压缩，符合理想气体状态方程。

裂隙场中的气体流动和变化主要是在裂隙系统中进行的，应力对孔隙结构的骨架影响不大，变形量很小，但对裂隙的闭合或开张具有很大的影响作用，这也就为覆岩来压时瓦斯涌出量增多提供了理论基础。

(2) 裂隙场中的气体可视为理想气体

采动裂隙场中的气体是由瓦斯、空气组成的混合气体。在混合气体中，各种成分的气体分子相互混杂，做无规则、永不停息的热运动。在分析气体的问题时，气体分子之间的相互作用力和体积因素的影响很小，因此，一般假设气体分子不具备体积，分子之间无作用力，即假设采动裂隙场中的气体是由各种气体混合起来的理想混合气体。

对于理想混合气体，其状态方程为：

$$pV = \frac{m}{M}R_0 T \tag{2-20}$$

式中 p ——绝对压力，Pa；

V ——混合气体体积，m^3；

m ——混合气体质量，kg；

M ——混合气体摩尔质量，kg/mol；

R_0 ——气体常数，$R_0 = 8.31$ J/(mol·K)；

T ——绝对温度，K。

根据理想混合气体状态方程，将裂隙场内瓦斯气体各参数表示如下：

① 裂隙场中瓦斯的浓度 c_c：混合气体中瓦斯所占体积（V_c，m^3）与混合气体总体积（V，m^3）的百分比，即

$$c_c = \frac{V_c}{V} \times 100\% \tag{2-21}$$

② 裂隙场中瓦斯的密度 ρ_c：单位体积混合气体中瓦斯的质量（m_c，kg），即

$$\rho_c = \frac{m_c}{V} = \frac{pM_c}{R_0 T} \tag{2-22}$$

式中 M_c ——瓦斯摩尔质量，kg/mol；

③ 气体的压缩系数 Z：当气体所承受的法向压力或法向张力发生变化时其

体积变化的量度。在等温条件下，气体的压缩系数定义为：

$$Z=-\frac{1}{V}\frac{\mathrm{d}V}{\mathrm{d}p}=\frac{1}{\rho}\frac{\mathrm{d}\rho}{\mathrm{d}p},\quad T=\text{常数} \tag{2-23}$$

④ 气体的弹性模量 E：是压缩系数的倒数，代表单位体积相对变化所需要的压力增量，即

$$E=\frac{1}{Z}=\rho\frac{\mathrm{d}p}{\mathrm{d}\rho},\quad T=\text{常数} \tag{2-24}$$

总之，采动裂隙场中的气体是瓦斯-空气的混合气体，可将其视为理想气体，具有理想混合气体的性质。这为建立采动裂隙场煤岩瓦斯耦合模型提供了良好的假设条件。

2.3.2　基本假设

数学模型的研究对象是卸压瓦斯的渗流运动与煤岩体变形运动之间的耦合作用、平衡关系、本构方程、定解条件，但固气耦合渗流规律的研究是个复杂的问题，涉及渗流力学、岩石力学等理论知识，为便于分析，提出如下基本假设：

① 采动裂隙场中的瓦斯渗流过程为等温渗流。

② 整个裂隙场内的空隙充满瓦斯-空气混合气体，且处于饱和状态。

③ 裂隙场内的气体视为理想气体，状态方程符合等温过程。

④ 固体骨架的有效应力变化遵循修正的太沙基(Tezraghi)有效应力规律：

$$\sigma_{ij}=\sigma'_{ij}+\alpha p\delta_{ij} \tag{2-25}$$

式中　σ'_{ij}——有效应力张量，$i,j=1,2,3$；

p——孔隙压力；

α——孔隙压力系数；

δ_{ij}——克罗内克尔(Kroneker)函数，$\delta_{ij}=\begin{cases}1 & i=j\\0 & i\neq j\end{cases}$。

⑤ 煤岩体的渗透率随煤岩体孔隙度和应力而变化，而瓦斯的扩散系数保持不变。

⑥ 饱和多孔介质的体积变形由固体骨架变形和孔隙变形组成，由于固体骨架变形较孔隙变形非常小，体积变形可近似等于孔隙变形。

2.3.3　卸压瓦斯渗流连续方程

(1) 瓦斯运动方程

采动裂隙场充满垮落的煤岩体及断裂的煤岩体，根据多孔介质性质，其完全可看作是多孔介质流场。由于采动裂隙场各处垮落、断裂的煤岩体的大小、形状和孔隙度等带有随机性，又极不均匀，因此，其原始渗透率也是极不均匀的。在一般情况下，渗透率是一个关于渗流场的分布张量函数 K，忽略气体在低压时的滑流效应，气体在采动裂隙场内的流动近似满足线性的达西定律。在直角坐

标系下，达西定律的一般形式可利用爱因斯坦(Einstein)求和约定下的张量记法表示为：

$$q_i = -K_{ij}\frac{\partial \theta}{\partial x_i}(i,j=1,2,3) \tag{2-26}$$

式中 q——渗流速度，$\boldsymbol{q}=(q_1,q_2,q_3)^{\mathrm{T}}$；

θ——采动裂隙场的气压函数；

K_{ij}——渗透系数张量。

一般情况下，考虑重力的影响，θ 可取为：

$$\theta = p + \rho g z \tag{2-27}$$

式中 p——孔隙压力；

ρ——气体密度。

将式(2-27)代入式(2-26)中可得：

$$q_i = -K_{ij}\frac{\partial (p+\rho g z)}{\partial x_i} \tag{2-28}$$

忽略气体的重力影响，则 $\rho g z = 0$，有：

$$q_i = -K_{ij}\frac{\partial p}{\partial x_i} \tag{2-29}$$

(2) 瓦斯状态方程

采动裂隙场内的瓦斯可视为理想气体，且其渗流过程为等温渗流，则有：

$$\rho = \frac{p}{RT} \tag{2-30}$$

式中 ρ——瓦斯压力为 p 时的密度，$\mathrm{kg/m^3}$；

R——瓦斯气体常数，$R=8.31\ \mathrm{J/(mol \cdot K)}$；

T——绝对温度，K。

(3) 瓦斯质量守恒方程

裂隙场中煤岩体是多孔介质，气体流动属于在多孔介质中运动。由质量守恒定律可知，在 Δt 时间内，多孔介质的流动场中，任一控制体单元中流体质量的变化是流入该体积的质量和流出该体积的质量差加上该控制体单元本身吸收或产生的质量，其质量守恒形式如图 2-5 所示。

在 Δt 时间内，气体沿 x 方向流入比流出控制单元体的质量流量多 ΔM_x，即

$$\Delta M_x = \frac{\partial(\rho q_x)}{\partial x}\Delta x \Delta y \Delta z \Delta t \tag{2-31}$$

在 Δt 时间内，气体沿 y 方向流入比流出控制单元体的质量流量多 ΔM_y，即

$$\Delta M_y = \frac{\partial(\rho q_y)}{\partial y}\Delta x \Delta y \Delta z \Delta t \tag{2-32}$$

在 Δt 时间内，气体沿 z 方向流入比流出控制单元体的质量流量多 ΔM_z，即

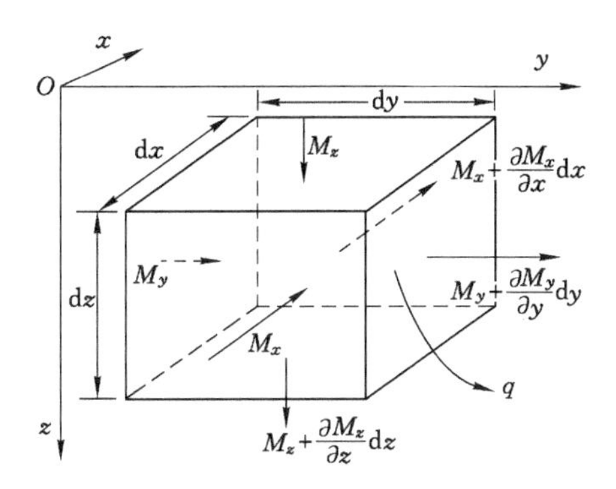

图 2-5 裂隙系统中的微元体质量守恒

$$\Delta M_z = \frac{\partial(\rho q_z)}{\partial z}\Delta x\Delta y\Delta z\Delta t \tag{2-33}$$

于是经过 Δt 时间后，控制单元体内气体质量增量为：

$$\Delta M = \Delta M_x + \Delta M_y + \Delta M_z \tag{2-34}$$

由于孔隙介质和气体都可压缩，经过 Δt 时间后，气体密度 ρ 和孔隙度 n 都将发生变化，进而引起控制体单元内气体的质量发生变化。在 Δt 时间内，控制单元体内气体质量变量为：

$$\Delta M_{\rho n} = \frac{\partial \rho n}{\partial t}\Delta x\Delta y\Delta z\Delta t \tag{2-35}$$

假设裂隙场内的混合气体处于饱和状态，而且没有产生吸附和解吸瓦斯。由质量守恒定律有：

$$\Delta M + \Delta M_{\rho n} = 0 \tag{2-36}$$

将式(2-34)、式(2-35)代入式(2-36)中，有：

$$\frac{\partial(\rho q_x)}{\partial x} + \frac{\partial(\rho q_y)}{\partial y} + \frac{\partial(\rho q_z)}{\partial z} + \frac{\partial(\rho n)}{\partial t} = 0 \tag{2-37}$$

即

$$\mathrm{div}(\rho \boldsymbol{q}) + \frac{\partial(\rho n)}{\partial t} = 0 \tag{2-38}$$

式中 ρ——当瓦斯压力为 p 时的密度，kg/m³；

$\boldsymbol{q}$——瓦斯流动速度向量；

n——孔隙率，%。

(4) 瓦斯渗流连续方程

将瓦斯运动方程式(2-29)和瓦斯状态方程式(2-30)代入瓦斯质量守恒方程式(2-38)，计算可得：

$$\frac{\partial}{\partial x}\left(\frac{K_x}{RT}\frac{\partial p^2}{2\partial x}\right)+\frac{\partial}{\partial y}\left(\frac{K_y}{RT}\frac{\partial p^2}{2\partial y}\right)+\frac{\partial}{\partial z}\left(\frac{K_z}{RT}\frac{\partial p^2}{2\partial z}\right)=\frac{\partial\left(\frac{p}{RT}n\right)}{\partial t} \tag{2-39}$$

$$\frac{1}{RT}\frac{\partial}{\partial x}\left(K_x\frac{\partial p^2}{2\partial x}\right)+\frac{1}{RT}\frac{\partial}{\partial y}\left(K_y\frac{\partial p^2}{2\partial y}\right)+\frac{1}{RT}\frac{\partial}{\partial z}\left(K_z\frac{\partial p^2}{2\partial z}\right)=\frac{1}{RT}\frac{\partial(pn)}{\partial t} \tag{2-40}$$

$\frac{\partial(pn)}{\partial t}=p\frac{\partial n}{\partial t}+n\frac{\partial p}{\partial t}$，取 $\frac{\partial n}{\partial t}=\frac{\partial e}{\partial t}$，得：

$$\frac{\partial(pn)}{\partial t}=p\frac{\partial e}{\partial t}+n\frac{\partial p}{\partial t} \tag{2-41}$$

结合式(2-40)与式(2-41)，可得：

$$\frac{\partial}{\partial x}\left(K_x\frac{\partial p^2}{2\partial x}\right)+\frac{\partial}{\partial y}\left(K_y\frac{\partial p^2}{2\partial y}\right)+\frac{\partial}{\partial z}\left(K_z\frac{\partial p^2}{2\partial z}\right)=p\frac{\partial e}{\partial t}+n\frac{\partial p}{\partial t} \tag{2-42}$$

$$\frac{\partial}{\partial x}\left(K_x\frac{\partial p^2}{\partial x}\right)+\frac{\partial}{\partial y}\left(K_y\frac{\partial p^2}{\partial y}\right)+\frac{\partial}{\partial z}\left(K_z\frac{\partial p^2}{\partial z}\right)=2p\frac{\partial e}{\partial t}+2n\frac{\partial p}{\partial t} \tag{2-43}$$

式中　K_x,K_y,K_z——渗透系数分量；

e——单元体的体积变形量。

则式(2-43)为采动裂隙场内卸压瓦斯渗流连续方程。

2.3.4　采动裂隙场煤岩体变形控制方程

孔隙压力作用下的采动裂隙场内煤岩体变形方程由平衡微分方程、应变-位移方程(几何方程)和变形本构方程(应力-应变关系)三个部分组成。

(1) 平衡微分方程

如图2-6所示，从采动裂隙场内处于平衡状态的煤岩体中取出一个边长分别为 dx、dy、dz 的单元体，此单元体的各棱边 dx、dy、dz 分别与所取坐标轴 x、y、z 平行。设通过单元 O 点的三个互相垂直微面上的应力分量为：

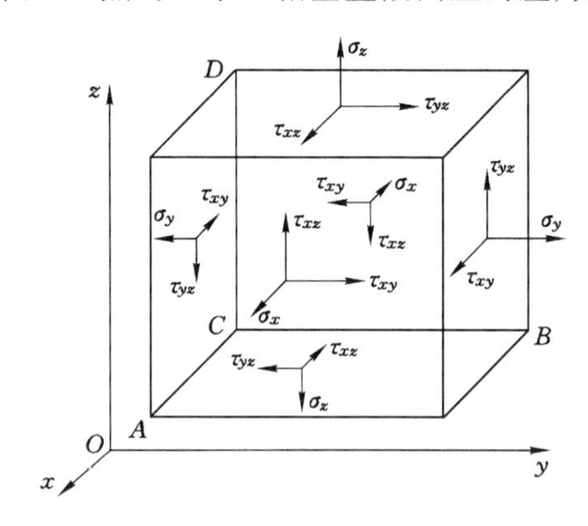

图2-6　单元体应力状态示意图

$$\sigma_{ij} = \begin{bmatrix} \sigma_x & \tau_{xy} & \tau_{xz} \\ \tau_{yx} & \sigma_y & \tau_{yz} \\ \tau_{zx} & \tau_{zy} & \sigma_z \end{bmatrix}$$

由于应力是坐标(x,y,z)的函数，当坐标分别有 $\mathrm{d}x$、$\mathrm{d}y$、$\mathrm{d}z$ 增量时，应力也将有增量。因此与上述三个微面分别平行的另外三个微面上的应力分别为：

$$\left.\begin{matrix} \sigma_x + \dfrac{\partial \sigma_x}{\partial x}\mathrm{d}x, & \tau_{yx} + \dfrac{\partial \tau_{yx}}{\partial x}\mathrm{d}x, & \tau_{zx} + \dfrac{\partial \tau_{zx}}{\partial x}\mathrm{d}x \\ \tau_{xy} + \dfrac{\partial \tau_{xy}}{\partial y}\mathrm{d}y, & \sigma_y + \dfrac{\partial \sigma_y}{\partial y}\mathrm{d}y, & \tau_{zy} + \dfrac{\partial \tau_{zy}}{\partial y}\mathrm{d}y \\ \tau_{xz} + \dfrac{\partial \tau_{xz}}{\partial z}\mathrm{d}z, & \tau_{yz} + \dfrac{\partial \tau_{yz}}{\partial z}\mathrm{d}z, & \sigma_z + \dfrac{\partial \sigma_z}{\partial z}\mathrm{d}z \end{matrix}\right\}$$

在图 2-6 所示的单元体中，各应力分量和体积力分量 f_x、f_y、f_z 组成了空间平衡力系。由沿 x 轴的力的平衡条件 $\sum x = 0$，可得：

$$\begin{aligned} &(\sigma_x + \frac{\partial \sigma_x}{\partial x}\mathrm{d}x)\mathrm{d}y\mathrm{d}z - \sigma_x\mathrm{d}y\mathrm{d}z - (\tau_{xy} + \frac{\partial \tau_{xy}}{\partial y}\mathrm{d}y)\mathrm{d}z\mathrm{d}x - \tau_{xy}\mathrm{d}z\mathrm{d}x \\ &\quad + (\tau_{xz} + \frac{\partial \tau_{xz}}{\partial z}\mathrm{d}z)\mathrm{d}x\mathrm{d}y - \tau_{xz}\mathrm{d}x\mathrm{d}y + f_x\mathrm{d}x\mathrm{d}y\mathrm{d}z = 0 \end{aligned} \tag{2-44}$$

展开式(2-44)，忽略高阶微分量项后，可得式(2-45)的第一式，同理由 $\sum y = 0$、$\sum z = 0$ 的力的平衡条件可得式(2-45)的第二式和第三式：

$$\begin{cases} \dfrac{\partial \sigma_x}{\partial x} + \dfrac{\partial \tau_{xy}}{\partial y} + \dfrac{\partial \tau_{xz}}{\partial z} + f_x = 0 \\ \dfrac{\partial \tau_{yx}}{\partial x} + \dfrac{\partial \sigma_y}{\partial y} + \dfrac{\partial \tau_{yz}}{\partial z} + f_y = 0 \\ \dfrac{\partial \tau_{zx}}{\partial x} + \dfrac{\partial \tau_{zy}}{\partial y} + \dfrac{\partial \sigma_z}{\partial z} + f_z = 0 \end{cases} \tag{2-45}$$

方程(2-45)为应力平衡微分方程，用张量符号可表示为：

$$\sigma_{ij,j} + f_i = 0 \quad (i,j = 1,2,3) \tag{2-46}$$

式中　$\sigma_{ij,j}$——总应力张量；

f_i——体积力张量。

煤岩体承受的总应力一部分由煤岩骨架承担，为有效应力；另一部分由裂隙内的瓦斯气体承担，为瓦斯孔隙压力。因此，煤岩体的变形和强度特性并不由承受的总应力决定，而是由有效应力支配的。根据有效应力原理，总应力以有效应力表示的一般形式见式(2-25)。

将式(2-25)代入式(2-46)中，即可得到用有效应力和孔隙压力表示的应力平衡方程：

$$\sigma'_{ij} + (\alpha p \delta_{ij})_{,j} + f_i = 0 \tag{2-47}$$

从式(2-47)可以看出,煤岩体的变形不但取决于承载应力,还与瓦斯孔隙压力相关,因此,采动裂隙场内的煤岩体变形破坏与瓦斯渗流之间存在一定的耦合效应。

(2) 几何方程

采动裂隙场煤岩单元体发生微小变形,可根据煤岩单元体变形的连续性得到其几何方程,即

$$\varepsilon_{ij} = \frac{1}{2}(u_{ij} + u_{ji}) \tag{2-48}$$

式中 ε_{ij} ——煤岩单元体的应变张量,$i,j = 1,2,3$;

u_{ij}, u_{ji} ——煤岩单元体的位移。

将式(2-48)写成分量形式,即

$$\varepsilon_{ij} = \frac{1}{2}\left(\frac{\partial u_i}{\partial x_j} + \frac{\partial u_j}{\partial x_i}\right) \quad i = 1,2,3;j = 1,2,3 \tag{2-49}$$

(3) 本构方程

在瓦斯压力以及采动应力共同作用下,采动裂隙场内的煤岩体的变形处于弹性状态,应力应变关系满足广义胡克(Hooke)定律的本构方程,即

$$\sigma'_{ij} = \lambda\delta_{ij}\varepsilon_v + 2G\varepsilon_{ij} \tag{2-50}$$

式中 G ——剪切模量,且 $G = E/2(1+\mu)$;

λ ——拉梅常数,且 $\lambda = E\mu/(1+\mu)(1-2\mu)$;

μ ——泊松比;

E ——煤岩的弹性模量;

ε_v ——煤岩单元体的体积变形量,$\varepsilon_v = \varepsilon_x + \varepsilon_y + \varepsilon_z$,可记为 e。

将几何方程式(2-48)和本构方程式(2-50)代入平衡微分方程式(2-47)中有:

$$\begin{cases} \dfrac{\partial(\lambda\varepsilon_v + 2G\dfrac{\partial u}{\partial x})}{\partial x} + \dfrac{\partial(G(\dfrac{\partial u}{\partial y} + \dfrac{\partial v}{\partial x}))}{\partial y} + \dfrac{\partial(G(\dfrac{\partial u}{\partial z} + \dfrac{\partial w}{\partial x}))}{\partial z} + \dfrac{\partial(\alpha p)}{\partial x} + f_x = 0 \\ \dfrac{\partial(\lambda\varepsilon_v + 2G\dfrac{\partial v}{\partial y})}{\partial y} + \dfrac{\partial(G(\dfrac{\partial v}{\partial z} + \dfrac{\partial w}{\partial y}))}{\partial z} + \dfrac{\partial(G(\dfrac{\partial u}{\partial y} + \dfrac{\partial v}{\partial x}))}{\partial x} + \dfrac{\partial(\alpha p)}{\partial y} + f_y = 0 \\ \dfrac{\partial(\lambda\varepsilon_v + 2G\dfrac{\partial w}{\partial z})}{\partial z} + \dfrac{\partial(G(\dfrac{\partial u}{\partial z} + \dfrac{\partial w}{\partial x}))}{\partial x} + \dfrac{\partial(G(\dfrac{\partial v}{\partial z} + \dfrac{\partial w}{\partial y}))}{\partial y} + \dfrac{\partial(\alpha p)}{\partial z} + f_z = 0 \end{cases} \tag{2-51}$$

将上式展开有:

$$\begin{cases}\lambda\dfrac{\partial\varepsilon_v}{\partial x}+2G\dfrac{\partial^2 u}{\partial x^2}+G\dfrac{\partial^2 u}{\partial y^2}+G\dfrac{\partial^2 v}{\partial x\partial y}+G\dfrac{\partial^2 u}{\partial z^2}+G\dfrac{\partial^2 w}{\partial x\partial z}+\dfrac{\partial(\alpha p)}{\partial x}+f_x=0\\ \lambda\dfrac{\partial\varepsilon_v}{\partial y}+2G\dfrac{\partial^2 v}{\partial y^2}+G\dfrac{\partial^2 v}{\partial z^2}+G\dfrac{\partial^2 w}{\partial y\partial z}+G\dfrac{\partial^2 v}{\partial x^2}+G\dfrac{\partial^2 u}{\partial x\partial y}+\dfrac{\partial(\alpha p)}{\partial y}+f_y=0\\ \lambda\dfrac{\partial\varepsilon_v}{\partial z}+2G\dfrac{\partial^2 w}{\partial z^2}+G\dfrac{\partial^2 w}{\partial x^2}+G\dfrac{\partial^2 u}{\partial x\partial z}+G\dfrac{\partial^2 w}{\partial y^2}+G\dfrac{\partial^2 v}{\partial y\partial z}+\dfrac{\partial(\alpha p)}{\partial y}+f_z=0\end{cases} \tag{2-52}$$

将式(2-52)整理并合并同类项有:

$$\begin{cases}\lambda\dfrac{\partial\varepsilon_v}{\partial x}+G(\dfrac{\partial^2 u}{\partial x^2}+\dfrac{\partial^2 u}{\partial y^2}+\dfrac{\partial^2 u}{\partial z^2})+G\dfrac{\partial(\dfrac{\partial u}{\partial x}+\dfrac{\partial v}{\partial y}+\dfrac{\partial w}{\partial z})}{\partial x}+\dfrac{\partial(\alpha p)}{\partial x}+f_x=0\\ \lambda\dfrac{\partial\varepsilon_v}{\partial y}+G(\dfrac{\partial^2 v}{\partial x^2}+\dfrac{\partial^2 v}{\partial y^2}+\dfrac{\partial^2 v}{\partial z^2})+G\dfrac{\partial(\dfrac{\partial u}{\partial x}+\dfrac{\partial v}{\partial y}+\dfrac{\partial w}{\partial z})}{\partial y}+\dfrac{\partial(\alpha p)}{\partial y}+f_y=0\\ \lambda\dfrac{\partial\varepsilon_v}{\partial z}+G(\dfrac{\partial^2 w}{\partial x^2}+\dfrac{\partial^2 w}{\partial y^2}+\dfrac{\partial^2 w}{\partial z^2})+G\dfrac{\partial(\dfrac{\partial u}{\partial x}+\dfrac{\partial v}{\partial y}+\dfrac{\partial w}{\partial z})}{\partial z}+\dfrac{\partial(\alpha p)}{\partial z}+f_z=0\end{cases} \tag{2-53}$$

$$\varepsilon_v=\varepsilon_x+\varepsilon_y+\varepsilon_z=\frac{\partial u}{\partial x}+\frac{\partial v}{\partial y}+\frac{\partial w}{\partial z} \tag{2-54}$$

同时引入拉普拉斯算子∇^2,即

$$\nabla^2=\frac{\partial^2}{\partial x^2}+\frac{\partial^2}{\partial y^2}+\frac{\partial^2}{\partial y^2} \tag{2-55}$$

将式(2-54)、式(2-55)引入式(2-53)中,可简化为:

$$\begin{cases}G\nabla^2 u+(\lambda+G)\dfrac{\partial e}{\partial x}+f_x+\dfrac{\partial(\alpha p)}{\partial x}=0\\ G\nabla^2 v+(\lambda+G)\dfrac{\partial e}{\partial y}+f_y+\dfrac{\partial(\alpha p)}{\partial y}=0\\ G\nabla^2 w+(\lambda+G)\dfrac{\partial e}{\partial y}+f_z+\dfrac{\partial(\alpha p)}{\partial z}=0\end{cases} \tag{2-56}$$

则式(2-56)为用位移表达的应力平衡方程,即采动裂隙场内岩体变形控制方程。利用张量符号表示可以写为:

$$(\lambda+G)u_{j,ji}+Gu_{i,jj}+f_i+(\alpha p)_{,i}=0 \tag{2-57}$$

2.3.5 采动裂隙场与卸压瓦斯渗流固气耦合数学模型

根据上述分析,结合式(2-43)与式(2-57),可以得到采动裂隙场与卸压瓦斯渗流固气耦合数学模型:

$$
\begin{cases}
\dfrac{\partial}{\partial x}\left(K_x \dfrac{\partial p^2}{\partial x}\right)+\dfrac{\partial}{\partial y}\left(K_y \dfrac{\partial p^2}{\partial y}\right)+\dfrac{\partial}{\partial z}\left(K_z \dfrac{\partial p^2}{\partial z}\right)=2p\dfrac{\partial e}{\partial t}+2n\dfrac{\partial p}{\partial t} \\
(\lambda+G)u_{j,ji}+Gu_{i,jj}+f_i+(\alpha p)_{,i}=0 \\
\varepsilon_v=\varepsilon_x+\varepsilon_y+\varepsilon_z=\dfrac{\partial u}{\partial x}+\dfrac{\partial v}{\partial y}+\dfrac{\partial w}{\partial z} \\
\alpha=\alpha_1-\alpha_2\Theta+\alpha_3 p-\alpha_4\Theta p
\end{cases}
\tag{2-58}
$$

其中，α 由实验获得，α_1、α_2、α_3、α_4 为表征渗透性的实验常数；$\Theta=\sigma_x+\sigma_y+\sigma_z$ 为体积应力。

从采动裂隙场与卸压瓦斯渗流固气耦合数学模型式(2-58)中可以看出，采动裂隙场与卸压瓦斯渗流耦合的基本情况如下：

① 渗透率 k 受围岩应力与孔隙压力的影响，即 $K=k(\Theta,p)$。

② 在裂隙场煤岩体变形方程中，考虑了瓦斯压力对煤岩体骨架变形的影响，即在裂隙场煤岩体变形方程中含有 $(\alpha p)_{,i}$ 项。这一项反映了瓦斯在裂隙场渗流过程中，因孔隙压力的变化而引起煤岩体骨架的变形，突出了煤岩体变形与孔隙压力之间的关系。

③ 在卸压瓦斯渗流控制方程中，在方程的右端项增加了 $2p\partial e/\partial t$ 一项，这一项集中反映了裂隙场内煤岩体骨架有效应力的改变导致孔隙度的变化，其结果使瓦斯压力产生变化，从而对瓦斯渗流过程产生影响。

2.3.6 定解条件

采动裂隙场与卸压瓦斯渗流固气耦合数学模型是很复杂的，正确求解必须辅以定解条件，包括边界条件和初始条件。这里包括煤岩体与瓦斯渗流的边界条件和初始条件。

(1) 应力场方程的定界条件

① 边界条件

第一类边界条件：煤岩体骨架的表面力已知，即

$$\sigma_{ij}l_j=f_i(x,y,z) \tag{2-59}$$

第二类边界条件：煤岩体骨架的表面位移已知，即

$$u_i=\tilde{\omega}_i(x,y,z,t) \tag{2-60}$$

第三类边界条件：混合边界条件，即煤岩体表面的部分边界应力已知，部分边界位移已知。

② 初始条件

煤岩体应力场的初始条件一般为时间 $t=0$ 时，位移和速度的初始值已知，即

$$u_i=f_i(x,y,z,0) \tag{2-61}$$

$$\frac{\partial u_i}{\partial t}=\tilde{\omega}_i(x,y,z,0) \tag{2-62}$$

(2) 渗流场方程的定界条件

① 边界条件

第一类边界条件:在采动裂隙场的边界上的瓦斯压力值恒定,即

$$p(x,y,z,t)=\text{const} \tag{2-63}$$

第二类边界条件:在采动裂隙场的边界上的瓦斯流量值恒定,即

$$q(x,y,z,t)=\text{const} \tag{2-64}$$

第三类边界条件:裂隙场部分边界上给定压力,部分边界上给定流量。

② 初始条件

原始压力恒定,即

$$t=0 \quad p=p_0 \tag{2-65}$$

原始压力为空间的函数,即

$$t=0 \quad p=f(x,y,z) \tag{2-66}$$

耦合的总微分方程所含的未知数主要有位移分量 u、v、w 和裂隙系统压力 p、裂隙孔隙度 n、孔隙压力系数 α、渗透率 k,根据确定实际问题的边界条件和初始条件及参数的本构关系,对耦合数学模型进行解析求解,就能求得相应实际问题的解。

2.4　固气耦合实验相似条件推导

对物理现象进行模拟研究,是根据相似学说用三个相似定理表述相似现象的基本性质及相似特征的过程。相似定理是物理相似模拟实验的理论基础,在应用的过程中,首先根据研究对象确定模拟实验中涉及的方程和参数,再由相似准则推导相似条件,从而确定相似比设计模型[210-211,229]。

确定固气耦合实验的相似条件主要是确定固体和气体在同一系统下的相似性。根据连续介质的固气耦合数学模型(2-59)来分别确定弹性力学和渗流力学的相似条件。在确定其相似条件时,因为研究对象是同一系统,所以渗流力学中的相似常数可以根据相应的弹性力学中的相似常数进行代换,从而达到其固气耦合相似的目的。

方程(2-56)对于原型(用′表示)和模型(用″表示)都适用,可设 $G'=\Theta_G G''$;$\lambda'=\Theta_\lambda\lambda''$;$e'=\Theta_e e''$;$y'=\Theta_l y''$;$E'=\Theta_E E''$;$v'=\Theta_v v''$;$f'_y=\Theta_f f''_y$;$\alpha'=\Theta_\alpha\alpha''$;$p'=\Theta_p p''$;$t'=\Theta_t t''$。由以上假设可知,$\nabla^2 v'=\dfrac{\Theta_v}{\Theta_l^2}\nabla^2 v''$;$\dfrac{\partial e'}{\partial y'}=\dfrac{\Theta_e\partial e''}{\Theta_l\partial y''}$。

根据上述假设关系式,分别代入原型方程(2-56)的第二个方程,则可得到:

$$\Theta_G G''\frac{\Theta_v}{\Theta_l^2}\nabla^2 v''+(\Theta_G G''+\Theta_\lambda\lambda'')\frac{\Theta_e\partial e''}{\Theta_l\partial y''}+\Theta_f f''_y+\Theta_\alpha\alpha''\frac{\Theta_p}{\Theta_l}\frac{\partial p''}{\partial y''}+\Theta_p p''\frac{\Theta_\alpha}{\Theta_l}\frac{\partial\alpha''}{\partial y''}=0 \tag{2-67}$$

因原型和模型均符合原型方程(2-56),因此,各相似比之间则有如下关系:

$$\Theta_G \frac{\Theta_V}{\Theta_l^2} = \Theta_G \frac{\Theta_e}{\Theta_l} = \Theta_\lambda \frac{\Theta_e}{\Theta_l} = \Theta_f = \Theta_\alpha \frac{\Theta_p}{\Theta_l} = \Theta_p \frac{\Theta_\alpha}{\Theta_l} \tag{2-68}$$

由此可以推导出各相似常数之间的关系式如下:

① 物理相似:由于 $\Theta_G \frac{\Theta_e}{\Theta_l} = \Theta_\lambda \frac{\Theta_e}{\Theta_l}$,所以有 $\Theta_G = \Theta_\lambda$,将 G、λ 用 E、μ 表示(由于弹性内力相似 $\Theta_\mu = 1$),由剪切弹性模量和拉梅常数公式可以推出:$\Theta_G = \Theta_\lambda = \Theta_E$。

② 几何相似:由于 $\Theta_G \frac{\Theta_v}{\Theta_l^2} = \Theta_\lambda \frac{\Theta_e}{\Theta_l}$,可以推出 $\Theta_v = \Theta_e \Theta_l$。

通常当 $\Theta_e = 1$ 时,即模型与原型两者的应变相等,则有 $\Theta_v = \Theta_l$,即要求物体受力变形后的几何形状完全相似。

③ 重力相似:由 $\Theta_G \frac{\Theta_e}{\Theta_l} = \Theta_f$,可以推出 $\Theta_G \Theta_e = \Theta_f \Theta_l$。

如果 $\Theta_G = \Theta_E$,则有 $\Theta_E \Theta_e = \Theta_f \Theta_l$,即弹性力与重力相似。当 $\Theta_e = 1$ 时,$\Theta_E = \Theta_f \Theta_l$。

④ 应力相似:根据广义的胡克定律,可以推出 $\Theta_\sigma = \Theta_f \Theta_l$。

⑤ 孔隙压力相似:由于 $\Theta_f = \Theta_\alpha \frac{\Theta_p}{\Theta_l} = \Theta_p \frac{\Theta_\alpha}{\Theta_l}$,有 $\Theta_\alpha \Theta_p = \Theta_f \Theta_l$。

当有效孔隙压力系数 $\Theta_\alpha = 1$ 时,则有 $\Theta_p = \Theta_f \Theta_l$。

⑥ 时间相似:有 $\Theta_t^2 = \Theta_l$,则 $\Theta_t = \sqrt{\Theta_l}$。

对于方程(2-43)可设 $K' = \Theta_K K''$,$x' = \Theta_l x''$,$z' = \Theta_l z''$,$n' = \Theta_n n''$,将上述假设关系式代入方程中可得:

$$\Theta_{K_x} \frac{\Theta_p^2}{\Theta_l^2} \frac{\partial}{\partial x''}\left(K''_x \frac{\partial p''^2}{\partial x''}\right) + \Theta_{K_y} \frac{\Theta_p^2}{\Theta_l^2} \frac{\partial}{\partial y''}\left(K''_y \frac{\partial p''^2}{\partial y''}\right) + \Theta_{K_z} \frac{\Theta_p^2}{\Theta_l^2} \frac{\partial}{\partial z''}\left(K''_z \frac{\partial p''^2}{\partial z''}\right)$$
$$= \Theta_p \frac{\Theta_e}{\Theta_t} 2p'' \frac{\partial(e'')}{\partial t''} + \Theta_n \frac{\Theta_p}{\Theta_t} 2n'' \frac{\partial(p'')}{\partial t''} \tag{2-69}$$

原型与模型均符合原方程,因此,各相似比之间则有如下关系:

$$\Theta_{K_x} \frac{\Theta_p^2}{\Theta_l^2} = \Theta_{K_y} \frac{\Theta_p^2}{\Theta_l^2} = \Theta_{K_z} \frac{\Theta_p^2}{\Theta_l^2} = \Theta_p \frac{\Theta_e}{\Theta_t} = \Theta_n \frac{\Theta_p}{\Theta_t} \tag{2-70}$$

⑦ 渗透系数相似:由于 $\Theta_{K_x} \frac{\Theta_p^2}{\Theta_l^2} = \Theta_{K_y} \frac{\Theta_p^2}{\Theta_l^2} = \Theta_{K_z} \frac{\Theta_p^2}{\Theta_l^2} = \Theta_p \frac{\Theta_e}{\Theta_t}$,可以推出:$\Theta_{K_x} = \Theta_{K_y} = \Theta_{K_z}$,$\Theta_{K_x} \frac{\Theta_p^2}{\Theta_l^2} = \Theta_p \frac{\Theta_e}{\Theta_t}$。又因为 $\Theta_e = 1$,$\Theta_p = \Theta_f \Theta_l$,$\Theta_t = \sqrt{\Theta_l}$,则有 $\Theta_{K_x} = \frac{\sqrt{\Theta_l}}{\Theta_f}$。因此,$\Theta_{K_x} = \Theta_{K_y} = \Theta_{K_z} = \frac{\sqrt{\Theta_l}}{\Theta_f}$。

⑧ 贮气系数相似：由于 $\Theta_p \dfrac{\Theta_e}{\Theta_t} = \Theta_n \dfrac{\Theta_p}{\Theta_t}$，则有 $\Theta_n = \Theta_e$。

2.5　本章小结

（1）分析了采动裂隙场形成的原因、裂隙组成及裂隙场内覆岩破坏特征；分析得到采动裂隙场内瓦斯主要来源于开采层煤壁、采放落煤、采空区遗煤及邻近煤岩层。

（2）通过构建采动裂隙场与卸压瓦斯渗流固气耦合数学模型，得出渗透率 k 同时受到围岩应力与孔隙压力的影响；在裂隙场煤岩体变形方程中，考虑了孔隙压力对煤岩体骨架变形的影响，即裂隙场内煤岩体骨架有效应力的改变导致了孔隙度的变化，造成瓦斯压力改变，从而影响瓦斯的渗流过程。

（3）推导出了固气耦合实验相似条件，主要包括物理相似、几何相似、重力相似、应力相似、孔隙压力相似、时间相似、渗透系数相似、贮气系数相似，为固气耦合相似模拟实验奠定了理论基础。

3 固气耦合相似模拟实验台研发

3.1 概　　述

相似模拟实验技术是以相似理论为基础，利用两个事物或现象之间存在的相似特征，研究自然规律的一种方式，适用于难以用理论分析方法获取结果的研究领域，同时也可以对理论研究的结果进行分析和比较。从广大学者研究的结果可以发现，利用物理相似模拟实验研究采动影响下的上覆岩体破坏、移动规律、变性特征及裂隙演化过程，能够反映实际现场问题特征[50,52,209,223,228]。目前，采矿工程中模拟采场上覆岩体破坏、移动规律及裂隙发育规律的研究常采用前后不受力的平面单相应力模型，模拟的岩层在实验中存在一定的变形量，但不能对岩体裂隙动态变化做到精确定位。

国内学者林柏泉[87]、赵阳升[105]等对大量煤岩块渗透率进行了实验室测定研究，但由于煤层开采本身是一个动态过程，在开采过程中，受采动影响，煤岩体产生变形、移动、卸压，产生大量的再生裂隙，造成煤岩体的渗透率发生动态变化，因此，对煤岩体渗透性的测定不能完全反映煤岩体渗透率的变化规律。

为了研究采动影响下上覆岩体产生裂隙后渗透率的变化规律及分布特征，可以利用物理相似模拟模型实验对其进行测试分析，但对岩体渗透率的测定是一项非常复杂、烦琐的工作。首先，在模型上很难利用相似材料的渗透率模拟现场实际岩层的渗透率，而且通过模拟实验得到的渗透率只是相对值；其次，煤层开采是一个动态的过程，很难实现既要保证模型在开采过程中上覆岩层的移动变形，又要确保气体在箱体内不泄漏，即在一个完全封闭实验箱体内，在通气过程中实现煤层开采。为了解决这两个关键性难题，我们自主研发了采动裂隙与卸压瓦斯固气耦合相似模拟实验台，能够保证在完全封闭状态下，同时实现模拟煤层的开采和覆岩渗透率的测定。为了能够真实模拟出采动影响下覆岩移动、变形特征及渗透率的变化规律，实验在自主研发的实验台上进行。

3.2 固气耦合相似模拟实验台总体构成

3.2.1 实验台总体设计

本次实验所利用的固气耦合相似模拟实验台是在国家自然科学基金项目资助下自主研发完成的。实验平台总体由四大部分构成，包括煤层开采系统、充气系统、渗透率测试系统和实验模型箱体。实验箱体用于模型的制作，是实验台的核心。箱体框架由 10 mm 厚的钢材料焊制而成，尺寸为 1 600 mm×1 250 mm ×200 mm。前后端板及顶盖均可拆卸，前端板为 30 mm 厚的有机玻璃板，后端板由三块钢板组合而成。其外观如图 3-1 和图 3-2 所示。

图 3-1 实验箱体(正面)

箱体前表面的有机玻璃板不拆，作为可视的挡体。在制作模型时，用于直接观察模型铺设的平整度；在实验过程中，可用于观察采动裂隙发育、发展情况。后表面的钢板在开始铺设模型时只装一块，随着铺设模型高度的增加，再依次安装其他两块钢板，直到模型制作完成。最后再安装箱体顶部的钢板，完全密封模型。

实验台所有接头、接口处采用橡胶圈、生胶带、胶体密封，经测试，整个实验箱体密闭性良好，可承受 2 MPa 的气体压力。

实验箱体共布置 64 个孔，前、后表面各 32 个，分 4 行，每行 8 个，采用对孔布置，以箱体前表面的孔口为进气孔，后表面的孔口为测试孔，具体位置如图3-3所示。本次实验主要采集进气孔充入气体的压力数据和测试孔的气体流速数据。

图 3-2　实验箱体(背面)

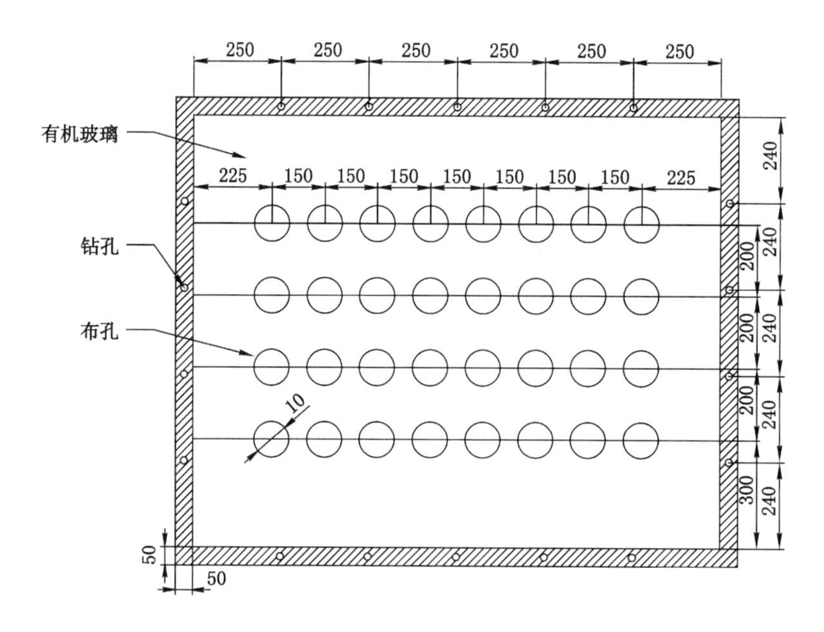

图 3-3　气孔布置方式

实验台主要的设备仪器包括空气压缩机、分路器、储气罐、压力表、皂泡流量计及管路。实验台可以在煤层开采时实现一路或多路管路充气，通过测量不同推进距离条件下各测试孔的渗流速度，研究采动影响下覆岩渗透率的变化规律。

3.2.2　实验台煤层开采系统

在密闭空间内完成模拟煤层开采是固气耦合模拟实验中的一个很大难题，不但要求能模拟煤层开采，还要使所充入的气体不发生大量泄漏。在设计煤层开采系统时，选取大量的方法进行了实验，如利用气囊、水囊、石蜡、沙漏等，实验结果都不理想。最终确定的实验台煤层模拟开采装置如图 3-4 所示。

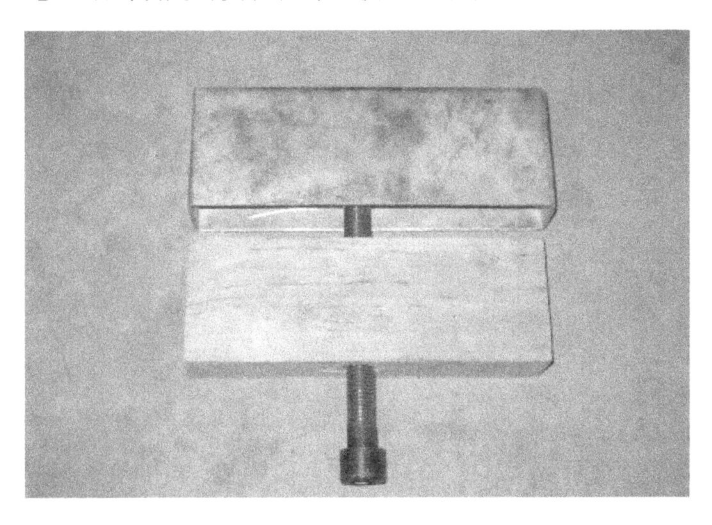

图 3-4　煤层模拟开采装置

整个煤层开采系统由小铁盒、枕木、螺杆三部分组成。在实验箱体铺设模型前，先用螺杆将小铁盒顶至模拟煤层的高度，当所有铁盒保持同一高度稳定后，开始铺设模型。在实验过程中，通过螺杆向下旋转引导小铁盒下降，从而模拟煤层的开采。枕木在整个开采系统中用来稳定铁盒，以防止在铺设模型及开采过程中铁盒晃动。煤层开采系统设计的每次推进距离为 5 cm，采高可以根据模拟实验的需要进行调节，最大采高可达 5 cm。

通过模拟实验，所设计的煤层开采系统不但实现了煤层开采技术，也保证了实验箱体在整个实验过程中的密闭性，为固气耦合相似模拟实验解决了一大难题。

3.2.3　实验台充气系统

实验台充气系统采用空气压缩机作为动力气源，将具有一定压力的压缩空气充入储气罐内，通过调节空气压缩机的平衡阀使储气罐内的压力恒定后再穿过模型，以模拟高压瓦斯气体渗流的过程。

实验充气系统为本次实验提供 0.05 MPa、0.1 MPa、0.15 MPa、0.2 MPa、0.25 MPa 的气体压力。充气管路采用高压橡胶管与储气罐连接，用截止阀控制充气孔口的数量，可以实现 1～4 条管路同时充气，如图 3-5 所示。高压橡胶管与进气孔采用直通管连接,如图 3-6 所示,有机玻璃板上的进气孔为内螺纹孔,可以通过缠绕生胶带保证充入气体不会从进气孔接口处泄漏。

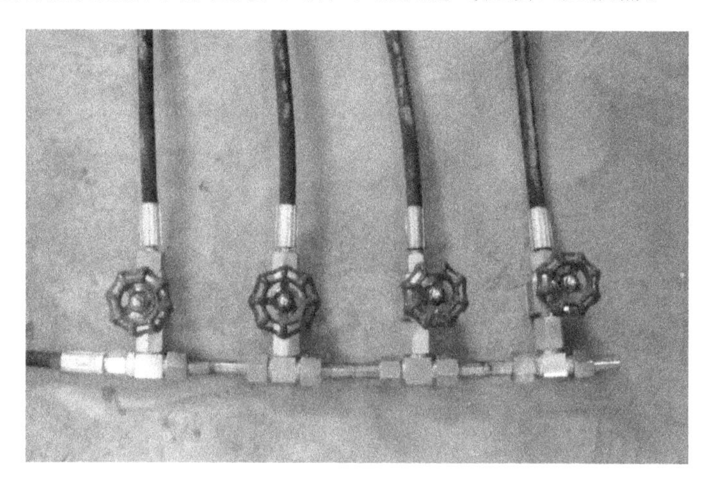

图 3-5 充气管压力控制阀

图 3-6 充气管道与箱体进气孔连接方式

为了在实验过程中能够观察各测试孔渗流速度的变化情况,必须对原始状态下的模型进行气体流速测定,将测试结果作为实验的初始数据。具体方法为:在煤层未开采前,对所有进气孔逐一充气,记录进气孔充入气体的压力和测试孔气体流过规定量程的时间,计算出原始状态下的渗流速度,以该速度作为各测试孔的初始数据。

本次实验共提供了 5 个压力等级,需要分别在各压力等级下依次测定各测试孔的渗流速度,实验共采集 5 120 个初始值。模型标定完成后,开始进行固气耦合模拟实验,随着工作面不断推进,对模型各进气孔充气,记录各测试孔的渗流速度,并观察裂隙发育情况。

3.2.4 实验台渗透率测定系统

固气耦合相似模拟实验的渗透率测定系统结构如图 3-7 所示。

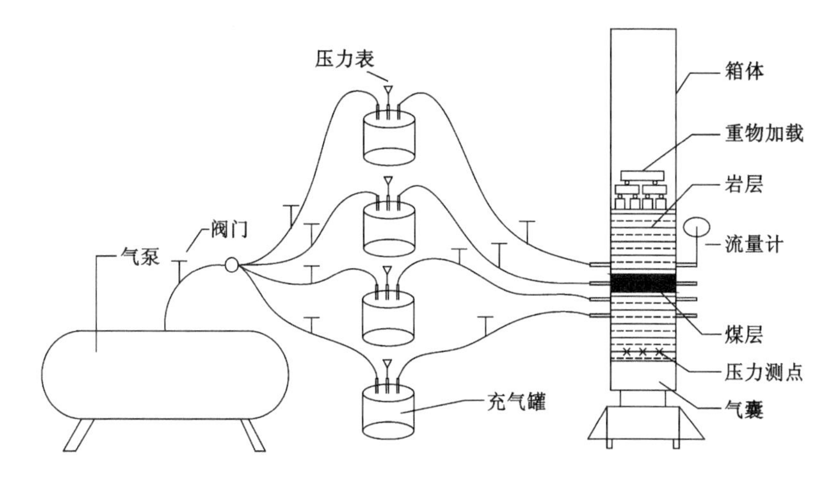

图 3-7 相似模拟实验渗透率测定系统

固气耦合相似模拟实验的渗透率测试系统主要测定各进气孔充入气体的压力和各出气孔气体的流速。系统的主要装置设备包括：空气压缩机、皂泡流量计、高压橡胶管、储气罐、橡胶软管、压力表等。后表面测试孔直接与皂泡流量计相连，如图 3-8 所示，其余测试孔采用橡胶塞封闭。皂泡流量计量程为 50 mL，为了减少误差，每个测试孔测量的时间记录 5 组数据，取其平均值。

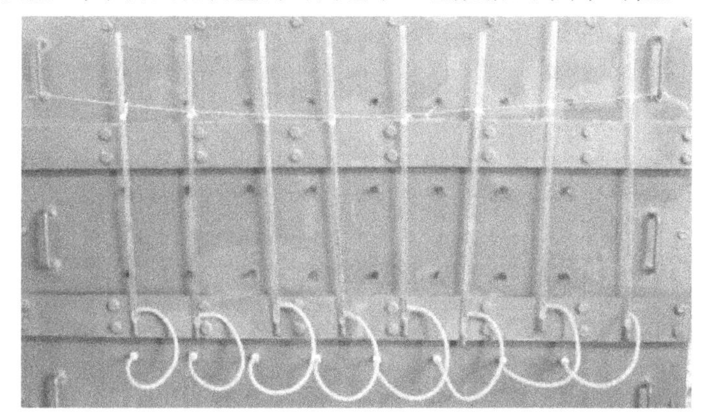

图 3-8 皂泡流量计连接方式

每次对模型充气前，都要预先打开储气罐，如图 3-9 所示。连接相应的截止阀，等储气罐内气体压力达到预设值后，再开始对模型充气，同时调节气泵阀，使储气罐内的气体压力始终恒定，依次按照设定的 5 个压力等级进行测试并记录数据。压力表选用西安仪表厂 YB150 型、0.25 级 1 MPa 精密压力表。

图 3-9　实验用的储气罐

渗透率测试的关键在于实验箱体的密闭性。为了保证实验箱体具有良好气密性，通过实验，采取了以下切实可行的方法。

① 箱体前端有机玻璃板上的充气孔通过导气管与进气管路连接，导气管上通过涂抹胶体和缠绕生胶带防止接口漏气。

② 在箱体前后端盖板及顶部盖板上贴有 5 mm 厚的橡胶垫，使前后板和模型框架紧密黏结在一起，保证了气体不会从模型四周泄漏。

③ 预先用油枪将黄油打入模型与前端玻璃板间隙，保证充入实验箱体内的压缩空气完全通过岩层内部，如图 3-10 所示。

图 3-10　实验箱体密封方式

3.3 固气耦合模型铺设及实验方法

3.3.1 模型的铺设

① 装好模型架，放平代替煤层的铁盒，使所有铁盒在一个水平高度。

② 按已计算好的模型中各分层所需材料量，分别称出相应配料的质量，并将各种配料倒入搅拌装置内搅拌均匀，将所需的水倒入搅拌装置中，混合搅匀。

③ 将搅拌好的材料倒入模型，用刮板摊平，用铁块将装好的材料夯实。

④ 为保证初始条件相似，在刚铺好的每一分层岩层中，用壁刀在其表面隔3～5 cm划上岩石自然裂隙，再均匀撒上一层云母粉模拟岩层层面，随后用抹子将层面压平，再铺设下一分层。

⑤ 依次将其他岩层按步骤②～④进行铺设，直到所有岩层都铺设完成。

⑥ 在铺设过程中，将岩层下沉量观测点布置在实验预期观测的岩层层位中。

⑦ 对于模型上未能模拟的岩层厚度，采用加配重的方式实现。

3.3.2 实验方法

实验模型铺设完成后，打开后端板通风干燥。待放置一段时间后，查看模型干燥程度，当模型较为干燥时，在岩层后表面抹上极薄的一层黄油，再装上后端板，主要是为了防止充入气体在岩层表面与后端板的间隙中四处扩散。

实验开始之前，要对实验箱体进行密封，这包括两个方面：一是实验箱体自身的气密性，应该是一个完全密封的空间，当有气体注入时不发生泄漏；二是实验箱体前表面的有机玻璃板与模型表面之间存在着微小的间隙，应当密封，防止充入的气体不通过模型，在间隙四处扩散。因此，在煤层开采之前，玻璃板与模型表面之间存在的间隙用油枪通过充气孔注入黄油进行密封，密封效果如图 3-11 所示。

当所有的实验测试仪器连接完成后，开始进行实验。固气耦合相似模拟实验系统如图 3-12 所示。实验过程中，除当前进气孔和测试孔以外的其余气孔全部用橡胶塞密封，以免漏气对测试结果造成影响。实验的进气孔采用内径为10 mm 的刚性直通管将充气管路与前表面有机玻璃板上的孔口连接，由空气压缩机提供实验设计压力的气体，储气罐带有压力表，可显示充入实验箱体内压缩空气的压力，在实验时要不断调节空气压缩机的控制阀，保证储气罐内的气体压力恒定，使充入模型的气体压力保持不变。采用橡胶软管将测试孔与皂泡流量计连接，在进气孔充入不同压力的气体时，测定气体通过模拟岩层后流过规定量程的时间，计算出渗流速度。实验结束后将通过实验得到的压力、流速等各项参数代入公式计算模型的渗透率。

图 3-11　实验箱体整体密封效果

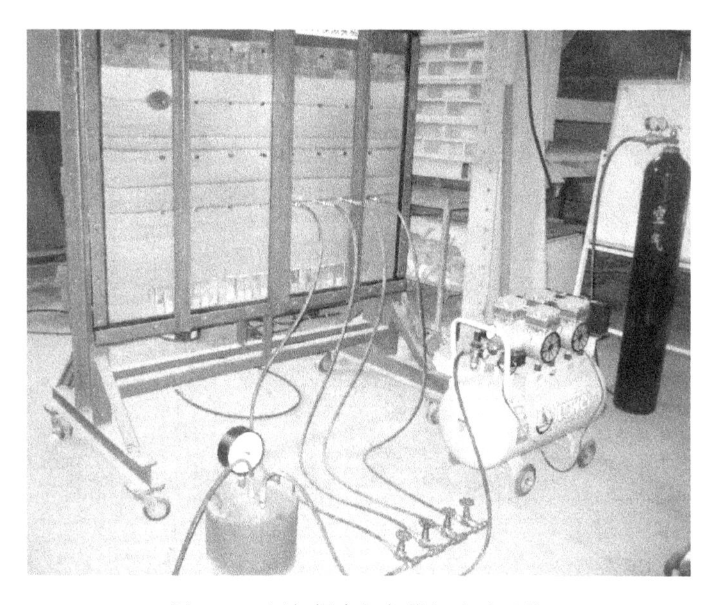

图 3-12　固气耦合相似模拟实验系统

煤层开采时，从模型左边开切眼。开采方式为旋转模型下方的螺柱，让铁盒慢慢下降，以达到煤层开采的效果，如图 3-13 和图 3-14 所示。每开采一定的距离后，开始对进气孔充气，测量各测试孔的渗流速度。当开采影响范围内有两个进气孔时，在同一推进距离下，分别对两个进气孔充气，测量各测试孔的渗流速度。

图 3-13 煤层开采模拟使用的螺柱

图 3-14 煤层开采方式效果

在煤层开采过程中,煤岩体的渗透率是一个动态变化过程。在煤层开采前,对原始状态下的岩层进行渗流速度测定,作为初始值。煤层每开采一段距离后,都要对采动影响范围内的测试孔进行测量,以观察不同开采距离时渗流速度的变化情况,从而得到采动影响下上覆煤岩体渗透率的变化规律。当煤层开采完毕,上覆煤岩体移动变形稳定后,对模型上多个测点进行通气测试,可得到采动卸压后的渗透率分布特征。由于固气耦合相似模拟实验的特殊性及实验条件的限制,本次实验仅测定上覆煤岩体渗透率的相对变化数值。

3.4 本章小结

(1) 自主研发了固气耦合相似模拟实验台,解决了密闭条件下模拟煤层开采的技术问题。模拟开采系统由小铁盒、枕木、螺杆三部分构成，通过螺杆的旋转引导小铁盒下降，达到模拟煤层开采的效果，并可以根据实验需要调节煤层采高。

(2) 完善了固气耦合模拟实验台的气密性检查方式，结果表明实验箱体的气密性较好，符合固气耦合相似模拟实验对箱体的气密性要求。

(3) 完善了相似模拟实验的渗流速度测定系统及初始值的标定方法，为观察煤层开采后各测试孔渗流速度的相对变化提供了参考依据。

(4) 采用储气罐作为恒定气体压力设备，确保充入模型的气体压力在实验测试过程中保持不变，为实验测试结果的可靠性提供了保证。

4 采动影响下覆岩渗透率演化规律及分布特征

4.1 试件渗透率的测试

4.1.1 渗透率测试方法

实验材料的渗透率决定了模型的渗透率。为了测定实验材料的渗透率，自主研发了相似实验材料渗透率测试设备，如图 4-1 和图 4-2 所示。图 4-1 所示为双向可加载单轴压力的试件渗透率测试设备，装实验材料的罐体部分为高 25 cm、直径 20 cm 的圆柱体，盖板上分别设有进气孔和出气孔。在罐体内部靠近两端盖板处有螺纹，可以通过旋转两端盖板增加试件的轴向压力。图 4-2 所示为小型的试件渗透率测试设备，罐体为直径 5 cm 的圆柱体，高 15 cm。为了保证充入气体都通过试件内部而不从罐体内壁直接渗流到出气孔，预先将气孔设置在两端盖板中心，并在盖板内部打磨出凸起的部分，从而

图 4-1 双向可加载轴压的渗透率测试设备

引导气体全部通过试件。同时，在装实验材料之前，在罐体内壁涂抹黄油，防止气体沿罐壁渗流。

图 4-2　小型渗透率测试设备

试件渗透率测试系统结构如图 4-3 和图 4-4 所示。具体实验测试步骤如下：

图 4-3　试件渗透率测试结构

① 检查实验仪器设备气密性。关闭出气孔气阀，打开压缩气泵和管道的进气阀，调节气泵的进气阀，给储气罐内充入气体，储气罐与罐体采用高压橡胶管路连接，当储气罐内充入的气体压力恒定后，关闭气泵的进气阀，2 h 后观察储气罐上的压力表数值。如压力表数值没有变化，则证明整个实验仪器设备的气密性较好，可以进行实验。

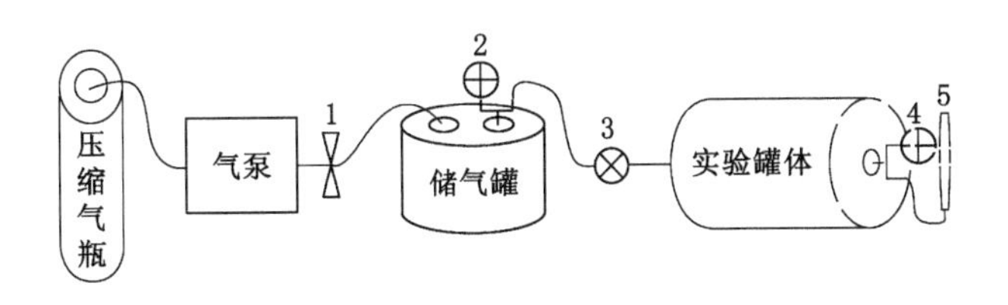

1—气泵调节阀；2—进气孔压力表；3—管道进气阀；
4—出气孔压力表；5—皂泡流量计。

图 4-4　试件渗透率测试系统

② 装入调和好的相似实验材料压实，首先安装出气孔盖，然后将出气孔口与皂泡流量计用橡胶管相接，最后连接其他气体管路。连接工作完成后，再次检查实验设备的气密性，无气体泄漏后，开始进行试件渗透率测试实验。

③ 关闭管道的进气阀，打开压缩气泵和进气阀，分别给储气罐内依次充入 1 kPa、2 kPa、3 kPa、4 kPa、5 kPa 压力的气体，待充气罐的压力达到恒定值后，打开管道的进气阀，让储气罐内的气体充入装有材料的罐体，同时调节气泵的进气阀，让储气罐内的压力依次恒定在初始设定的 5 个压力值上，记录不同气体压力状态下皂泡流量计的相关实验数据。

④ 更换一次实验材料，重复上述实验步骤②、③。

⑤ 计算渗透率。

根据实验测得进气孔口气体的压力和出气孔口的流速，依据气体渗透率测定的行业标准(SY/T 5276—2000)计算相应压力条件下的气体渗透率，使用如下计算公式：

$$k = \frac{\overline{Q}\mu_g l}{A(p_1^2 - p_2^2)} \tag{4-1}$$

式中　A——试件的横截面积，cm^2；

l——试件的长度，cm；

μ_g——气体动力黏性系数，Pa・s；

p_1——气体通过试件前的压力，MPa；

p_2——气体通过试件后的压力，MPa；

$\overline{Q}$——气体的平均流量(cm^3/s)，即 $\overline{Q} = 2p_0Q_0/(p_1 + p_2)$，$Q_0$ 为在大气压力下测定的气体流量(cm^3/s)，p_0 为大气压力(MPa)。

4.1.2　试件渗透率测试结果

根据原始岩石的物理力学参数，试件以沙子为骨料，以石膏和大白粉作为胶凝剂，按照固定的配比制作了不同岩性的试件，并利用试件渗透率测试设备测得 6 种模拟岩层试件的气体流量与进、出气孔气体的压力。通过对实验测试数据结果整理，进行线性回归分析，绘出不同岩性的气体流量与进气孔和出气孔之间气体压力平方差的拟合曲线，如图 4-5 所示。从图中可以看出气体流量与压力平方差呈线性关系，即可认为气体通过试件的流动规律符合达西定律。

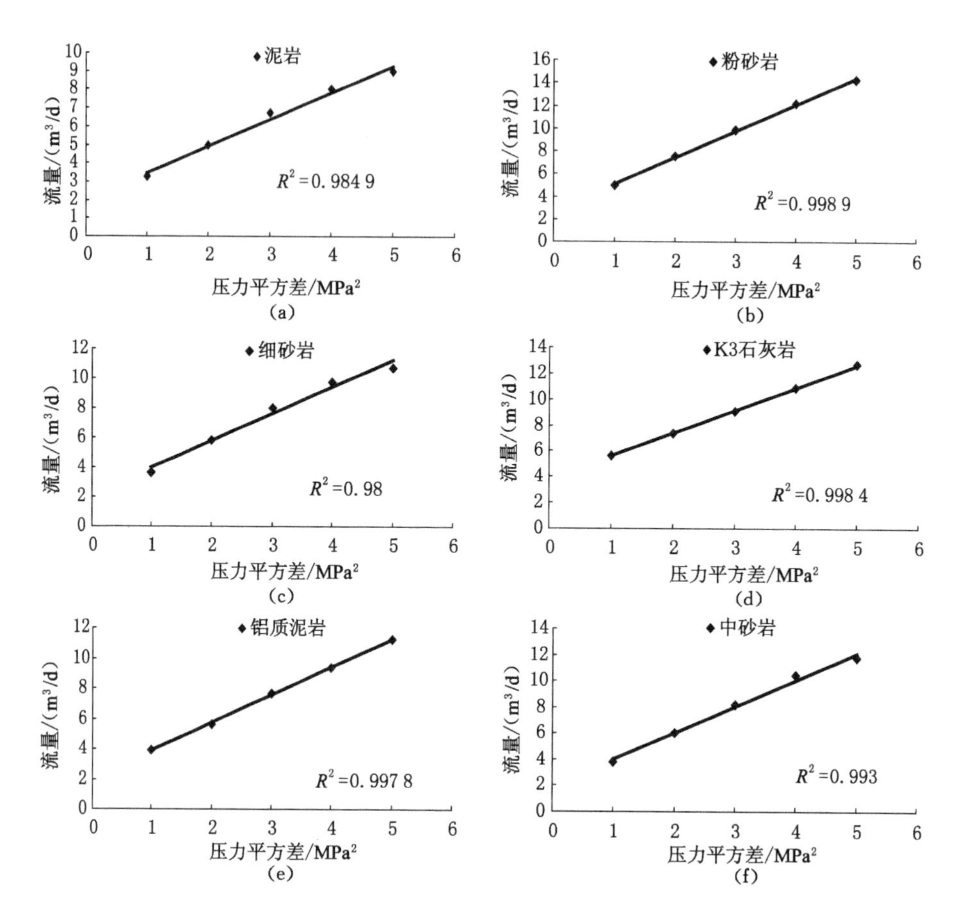

图 4-5　不同岩性的气体流量与压力平方差回归拟合曲线

(a) 泥岩;(b) 粉砂岩;(c) 细砂岩;(d) K3 石灰岩;(e) 铝质泥岩;(f) 中砂岩

在实验过程中，为了消除由于沙子粒径对试件渗透率测试结果造成的影响，取相同粒径的沙子，确保其影响因素的单一化。在试件渗透率测试实验中，当相似实验材料中沙子的质量不变时，调整胶凝剂的质量，测得不同配比试件的渗透率，其结果如图 4-6 和图 4-7 所示。

从图 4-6 和图 4-7 可以看出，在沙子的粒径、比重、试件制作工艺相同的情况下，胶凝剂中的石膏在保证试件抗压强度与原始岩石相似的基础上，对沙粒之

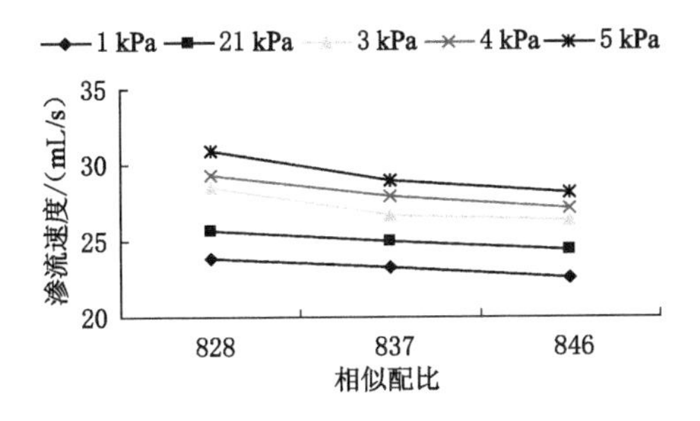

图 4-6 骨料与胶凝剂的质量比为 8∶1 时试件渗流速度变化曲线

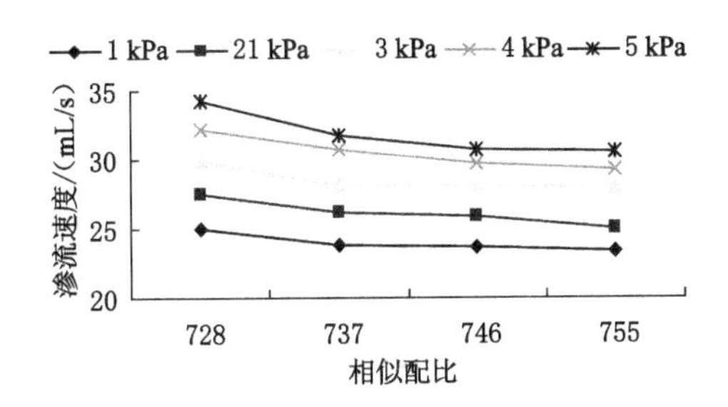

图 4-7 骨料与胶凝剂的质量比为 7∶1 时试件渗流速度变化曲线

间的空隙进行了填充。试件的渗流速度随着石膏质量的增加呈下降趋势，而抗压强度随之增大，与原始岩层力学参数的变化规律相似。

4.2 固气耦合模型的设计及制作

4.2.1 实验原型条件

本次实验以山西和顺天池能源有限责任公司 401 综放面为基本原型条件。该工作面主采太原组 15# 煤层，煤厚为 4.05～4.86 m，平均为 4.5 m。倾角为 3°～15°，平均为 7°，设计走向长度为 1 435 m，倾斜长 180 m。基本顶为中砂岩，厚度 4.9～15.82 m，平均为 9.20 m，灰白色，主要成分为石英、长石，分选磨圆性较好，砂质胶结。直接顶为泥岩，厚度为 2.38～3.2 m，平均为 2.79 m，黑色，玻璃光泽，裂隙发育，硬度中等。相似模拟实验的地质柱状图如图 4-8 所示。煤岩层物理力学性质如表 4-1 所列。

地层单位 系	统	组	柱状	岩石名称	层厚/m	岩性描述
石炭系	上统	太原组		石灰岩	1.10~4.55 3.30	石灰岩：灰色，裂隙发育并被方解石脉充填
				煤$_{13}$	0.20~0.30 0.25	煤：黑色，玻璃光泽，层状或块状结构，裂隙发育，厚度不稳定，局部含有分层
				泥岩	2.96~6.70 3.14	泥岩：黑色，裂隙发育，硬度中等
				细砂岩	2.96~6.70 4.20	细粒砂岩：深灰色，成分以石英、长石为主，含有黄铁矿，层理较发育。分选性较好，磨圆度较好，钙质胶结
				粉砂岩	2.40~3.20 2.00	粉砂岩：浅灰色，砂质胶结，裂隙发育，主要成分以石英、长石为主，含丰富植物茎化石
				泥岩	4.50~6.82 5.50	泥岩：黑色，裂隙发育，硬度中等
				石灰岩	4.10~6.98 5.70	石灰岩：灰色，裂隙发育并被方解石脉充填
				煤$_{14}$	0.45~0.72 0.60	煤：黑色，玻璃光泽，层状或块状结构，裂隙发育，厚度不稳定，局部含有分层
				泥岩	3.70~7.25 5.30	泥岩：黑色，裂隙发育，硬度中等
				砂质泥岩	1.72~8.80 4.50	砂质泥岩：浅灰色，水平层理，贝壳状断口
				细砂岩	3.50~7.82 5.50	细粒砂岩：深灰色，成分以石英、长石为主，含有黄铁矿，层理较发育。分选性较好，磨圆度较好，钙质胶结
				中粒砂岩	4.93~15.82 9.20	中粒砂岩：灰白色，成分以石英、长石为主，钙质胶结，分选性较好，磨圆度较好
				泥岩	2.38~3.20 2.79	泥岩：黑色，裂隙发育，硬度中等
				煤15	4.05~4.86 4.48	煤：黑色，玻璃光泽，以亮煤、镜煤为主，中间含1~2层厚度不等的夹矸，层状或块状结构
				铝质泥岩	2.40~6.40 4.86	铝质泥岩：灰黑色，底部含植物化石，较软，遇水膨胀
C	C_3	C_3t		粉砂岩	2.67~4.38 3.75	粉砂岩：浅灰色，砂质胶结，裂隙发育，主要成分以石英、长石为主，含丰富植物茎化石

图 4-8　401 工作面综合柱状图

表 4-1 原型煤岩层的物理力学性质

序号	岩层名称	容重/(kN/m³)	弹性模量/MPa	抗压强度/MPa	泊松比	内聚力/MPa	剪胀角/(°)	内摩擦角/(°)
1	泥岩	20.80	20 019	20.5	0.195	0.93	8	31
2	砂质泥岩	26.40	56 767	48.8	0.278	1.38	8	34
3	中砂岩	26.60	50 430	65.1	0.280	2.27	10	31
4	碳质泥岩	15.00	35 234	14.8	0.240	0.78	8	22
5	细砂岩	26.20	43 020	69.0	0.260	1.93	10	31
6	粉砂岩	26.00	54 739	58.5	0.253	1.30	12	35
7	石灰岩	26.50	46 636	91.2	0.230	3.10	12	41
8	铝质泥岩	13.00	40 500	16.0	0.250	0.83	8	24
9	煤	14.60	14 142	13.5	0.275	0.72	8	20

4.2.2 相似常数的确定

实验采用自主研发的固气耦合模拟实验台，沿煤层走向铺设模型。取实验台尺寸与实际煤岩厚度相比较，按实验要求来选择确定模型几何相似常数、时间相似常数和容重相似常数，应力相似常数、强度相似常数及渗透系数相似常数则根据相似定理进行计算确定，最终得到模型的相似常数及岩层物理力学性质，如表 4-2 和表 4-3 所列。

表 4-2 401 综放面模型相似常数

沿煤层方向	模型架尺寸/mm×mm×mm	相似常数					
		几何 Θ_L	时间 Θ_t	容重 Θ_f	应力 Θ_σ	强度 Θ_E	渗透系数 Θ_k
走向	1 250×200×1 600	100	10	1.5	150	150	6.4

表 4-3 模型煤岩层的物理力学性质

岩性	容重/(kN/m³)	弹性模量/MPa	抗压强度/MPa
泥岩	13.87	133.46	0.14
砂质泥岩	17.60	378.45	0.33
中砂岩	17.73	336.20	0.43
碳质泥岩	10.00	234.89	0.10
细砂岩	17.47	286.80	0.46
粉砂岩	17.33	364.93	0.39
石灰岩	17.67	310.91	0.61
铝质泥岩	8.67	270.00	0.11
煤	9.73	94.28	0.09

4.2.3 模型材料配比的选择

实验模型选取的相似实验材料，以沙子作为岩层的骨料，以沙子和粉煤灰对半作为煤层的骨料，以石膏、大白粉为胶凝剂。根据铺设岩层的抗压强度选择配比号，结合模型的大小，逐层计算各分层材料的用量。相似材料配比计算步骤如下：

(1) 计算每个岩层中所有材料的总质量 G (kg)，即

$$G = (lwh\gamma_m \times 10^3)/g \tag{4-2}$$

式中 γ_m ——模型材料的容重，此处 $\gamma_m = 15.7\ \text{kN/m}^3$；

g ——重力加速度，$g = 9.8\ \text{N/kg}$；

l,w,h ——模型长度、宽度、高度，m。

(2) 计算每层中需要某种材料的质量 m_i (kg)，即

$$m_i = G \times R_i \tag{4-3}$$

式中 R_i ——某材料在每层中的比例，由配比号计算确定。

设配比号为 $XY(10-Y)$，则其模型中砂子比例为 $\frac{X}{X+1}$，石膏比例为 $\frac{Y}{10(X+1)}$，大白粉比例为 $\frac{10-Y}{10(X+1)}$，计算各分层材料的用量。

(2) 位移测点的布置

在模型铺设过程中，在距离煤层顶板 5 cm 的岩层中开始放置岩层位移测点，依次向上共铺设 7 条，间距为 10 cm，每条设置 12 个测点。测点形式及位置见图 4-9 和表 4-4。利用各个测点测量的岩层位移数据，研究上覆岩层受采动影响的变形、垮落情况。

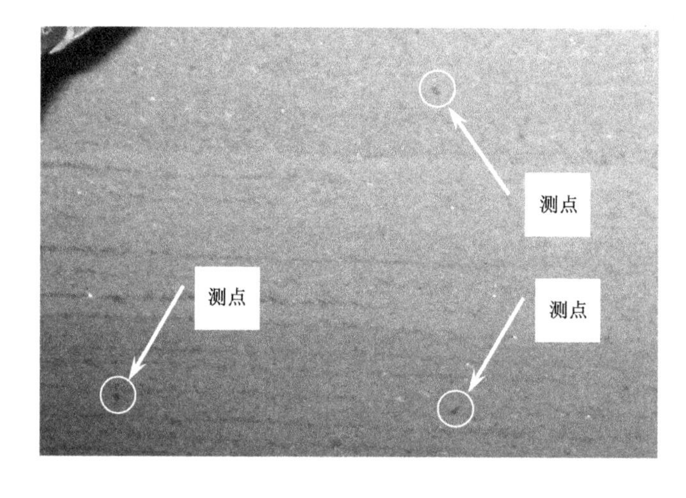

图 4-9 岩层位移测点布置形式

表 4-4　位移测点布置图

测线编号	测点数	测点间距/m	距煤层顶板/m
1	12	10	5
2	12	10	15
3	12	10	25
4	12	10	35
5	12	10	45
6	12	10	55
7	12	10	65

4.3　固气耦合模拟实验现象及渗透率测试

4.3.1　渗透率测试孔口的布置

实验箱体共布置 32 个测试孔，位置如表 4-5 所列。煤层推进一定距离后，对进气孔充入不同压力的气体，采用皂泡流量计测量气体的渗流速度，观察各测点渗流速度的变化情况，如图 4-10 所示。实验台以距煤层顶板最近的前表面一排孔为第一排进气孔，后表面一排为测试孔，第一排进气孔左边第一个孔为 1# 孔，对应的为 1# 测点。由于煤层推进距离只有 107 m，本次覆岩渗流速度数据测点共设置 8 个，即第一排有 8 个测试孔，各测点与煤层切眼之间的位置关系如表 4-6 所列。实验将利用这 8 个测点在不同推进距离和不同压力下渗流速度的变化情况对开采过程中上覆岩层的渗透率变化规律及分布特征进行研究分析。

表 4-5　进气孔布置位置

排号	孔数/个	孔间距/m	第 1 孔距切眼的距离/m	距 15# 煤层顶板的距离/m
1	8	15	5	25
2	8	15	5	45
3	8	15	5	65
4	8	15	5	85

图 4-10　煤层开采后进气孔充气

表 4-6　各测点与煤层的位置关系

进气孔/测点	距煤层切眼水平距离/m	距 15# 煤层顶板的距离/m
1#	5	25
2#	20	25
3#	35	25
4#	50	25
5#	65	25
6#	80	25
7#	95	25
8#	110	25

4.3.2　模拟实验现象

实验针对山西天池煤矿 401 工作面进行了固气耦合相似模拟。煤层开采过程中上覆煤岩体变形、垮落过程如图 4-11～图 4-16 所示。

煤层开切眼设置在距模型边界 25 cm 处，作为影响煤柱。模型几何相似比为 1∶100，开切眼 5 cm，对应原值为 5 m，如图 4-17 所示。

工作面推进 20 m 时，顶板岩层出现离层，且纵向出现细微的破断裂隙，离层裂隙宽度为 0.2 m，离层最大高度距煤层顶板 1 m，如图 4-18 所示。

当工作面推进 25 m 时，直接顶开始分层垮落，垮落高度为 0.7 m，顶板岩层

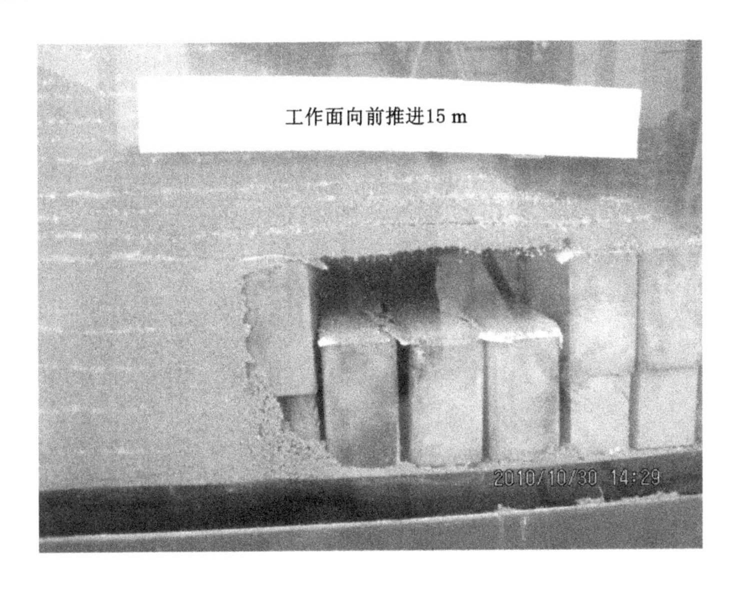

图 4-11　工作面推进 15 m

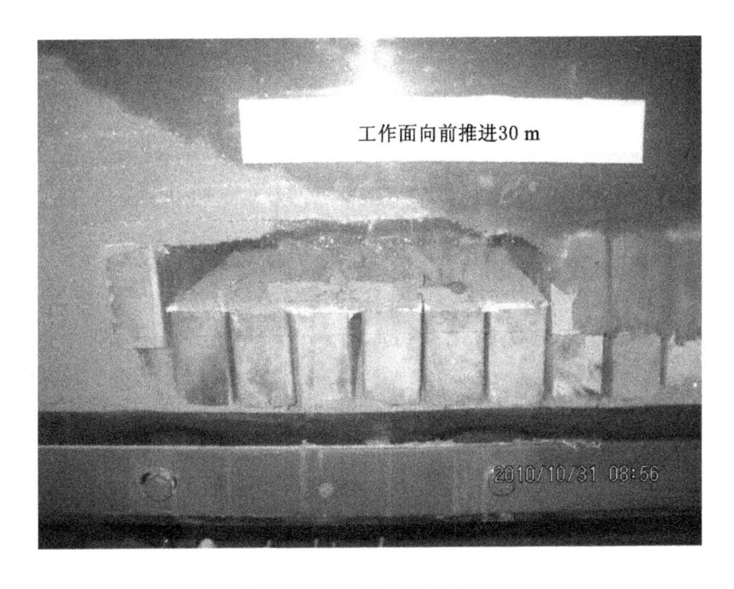

图 4-12　工作面推进 30 m

破断位于岩层中部，垮落的第一岩块宽度为 5 m，第二岩块宽度为 6 m，此时顶板离层发展，最大离层裂隙高度距煤层顶板 3 m。随着直接顶的初次垮落，大量的破断裂隙在工作面两端出现，与离层裂隙相互沟通，如图 4-19 所示。工作面推进 30 m 时，顶板离层裂隙继续发展，最大离层裂隙高度距煤层顶板 4.5 m，未垮落岩层中部产生破断裂隙。工作面推进到 33 m 时，直接顶第二岩层垮落，第

图 4-13　工作面推进 33 m

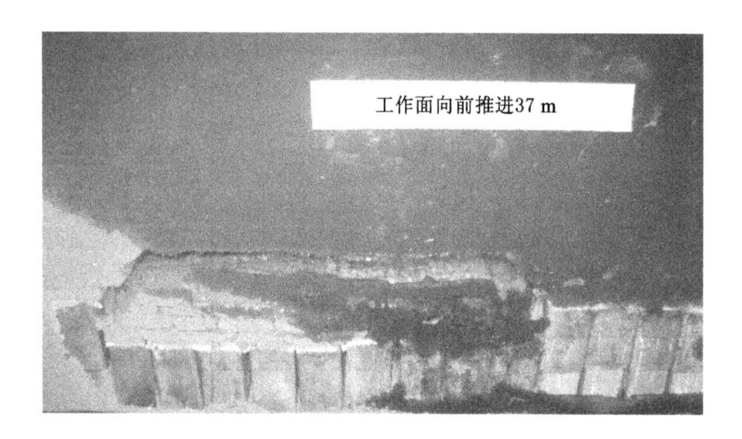

图 4-14　工作面推进 37 m

四岩层离层裂隙高度增加,且破断裂隙明显。工作面推进到 37 m 时,顶板第四岩层垮落,离层裂隙向上发育。

当工作面推进到 42 m 时,基本顶垮落,出现初次来压,垮落高度距煤层顶板 10.5 m,岩梁长为 25 m,空洞高度距煤层顶板 13 m,最高离层距煤层顶板 17 m,离层宽度为 1.2 m,如图 4-20 所示。工作面向前推进到 46 m 时,上覆岩层弯曲下沉,空洞间距变小,离层裂隙高度增加,有向上发展趋势,工作面继续向前推进,顶板裂隙继续发展。

当工作面推进到 50 m 时,发生第 1 次周期来压,来压步距为 8 m,此时覆岩

图 4-15　工作面推进 46 m

图 4-16　工作面推进 58 m

垮落高度距煤层顶板 14 m，裂隙最高发展到距煤层顶板 24.5 m，如图 4-21 所示。

当工作面推进到 62 m 时，发生第 2 次周期来压，来压步距为 12 m，工作面大范围垮落，垮落高度为 20 m，离层高度发展到距煤层顶板 38.5 m 处，如图 4-22所示。当工作面推进到 75 m 时，发生第 3 次周期来压，来压步距为 13 m。

从相似模拟过程中可以看出，随着工作面向前推进，离层裂隙不断向上部发展，顶板出现周期性垮落，周期破断步距平均约为 11 m，工作面后方的裂隙不断地经历不发育、发育丰富、裂隙压实阶段，相似模拟实验中特征参数的变化如表 4-7 所列。

图 4-17　煤层开切眼

图 4-18　直接顶离层裂隙

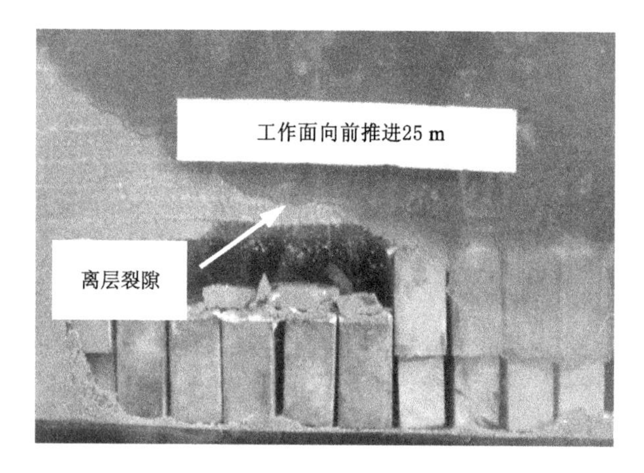

图 4-19　直接顶初次垮落

图 4-20　基本顶初次垮落

图 4-21　第一次周期来压

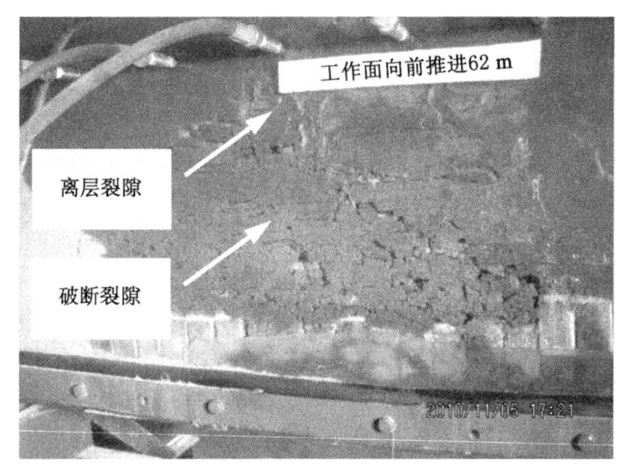

图 4-22　第二次周期来压

表 4-7　相似模拟实验过程数据

工作面推进距离/m	现象描述	来压步距/m	垮落高度/m	最大离层高度(距煤层顶板)/m
5	开切眼	—	0	0
25	直接顶初次垮落	—	0.7	3.0
33	第二层岩层垮落	—	1.5	6.5
37	第四层岩层垮落	—	3.5	9.5
42	基本顶初次来压	—	10.5	17.0
50	第一次周期来压	8	14.0	24.5
62	第二次周期来压	12	20.0	38.5
75	第三次周期来压	13	25.0	46.5

4.3.3　测试理论实验验证

达西定律定义为通过煤岩体的气体流量与进出口的压力平方差呈线性关系。为了验证充入实验箱体内的气体在通过模型时的流动规律是否符合达西定律,只要能在完全封闭实验箱体上的 8 个测点中任意挑选出某些测点,通过测量出口气体流量和气体压力,作出回归拟合曲线,反映出流量与压力平方差线性相关,则可认为气体在岩层中的流动规律符合达西定律。因此,首先测量模型在原始状态下的各项参数。实验时,将前后表面一组对应的气孔作为进、出气通道,其余的气孔全部用橡胶塞密闭,以免漏气造成对测试结果的影响。为了保证测试结果的可靠性,实验选择了 8 个测点全部进行测试。

通过对实验测试数据结果进行一元线性回归分析,以该测点的出口流量为纵坐标,以测点的气体入口压力平方和出口压力平方之差,即 $p_1^2-p_2^2$ 为横坐标,绘制出各测点出口气体流量与压力平方差的回归拟合曲线,如图 4-23 所示。

从图 4-23 可以看出:① 实测通过岩层的气体流量与进出口压力平方差线性相关,其各回归拟合曲线的相关系数分别为 0.965 2、0.993 2、0.947 2、0.995 9、0.999 0、0.980 6、0.966 3、0.974 8,均接近 1,相关性较好;② 测得通过模型的气体在 8 个测点的出口流量与压力平方差存在线性关系,这说明在煤层开采前,该实验箱体内充入的气体通过岩层的流动规律符合达西定律。

当模型中的煤层完全开采结束后,待岩层稳定,再一次对 8 个测点的相关参数进行测量,绘制的一元回归拟合曲线如图 4-24 所示。各拟合曲线的相关系数分别为 0.957 7、0.953 4、0.982 2、0.953 3、0.991 4、0.998 6、0.997 3、0.980 4,也均接近 1,相关性较好。

从图 4-24 可以看出,在煤层完全开采结束,待上覆岩层移动稳定后,通过模型的气体在该 8 个测点的出口流量与压力平方差存在线性关系,证明了在实验

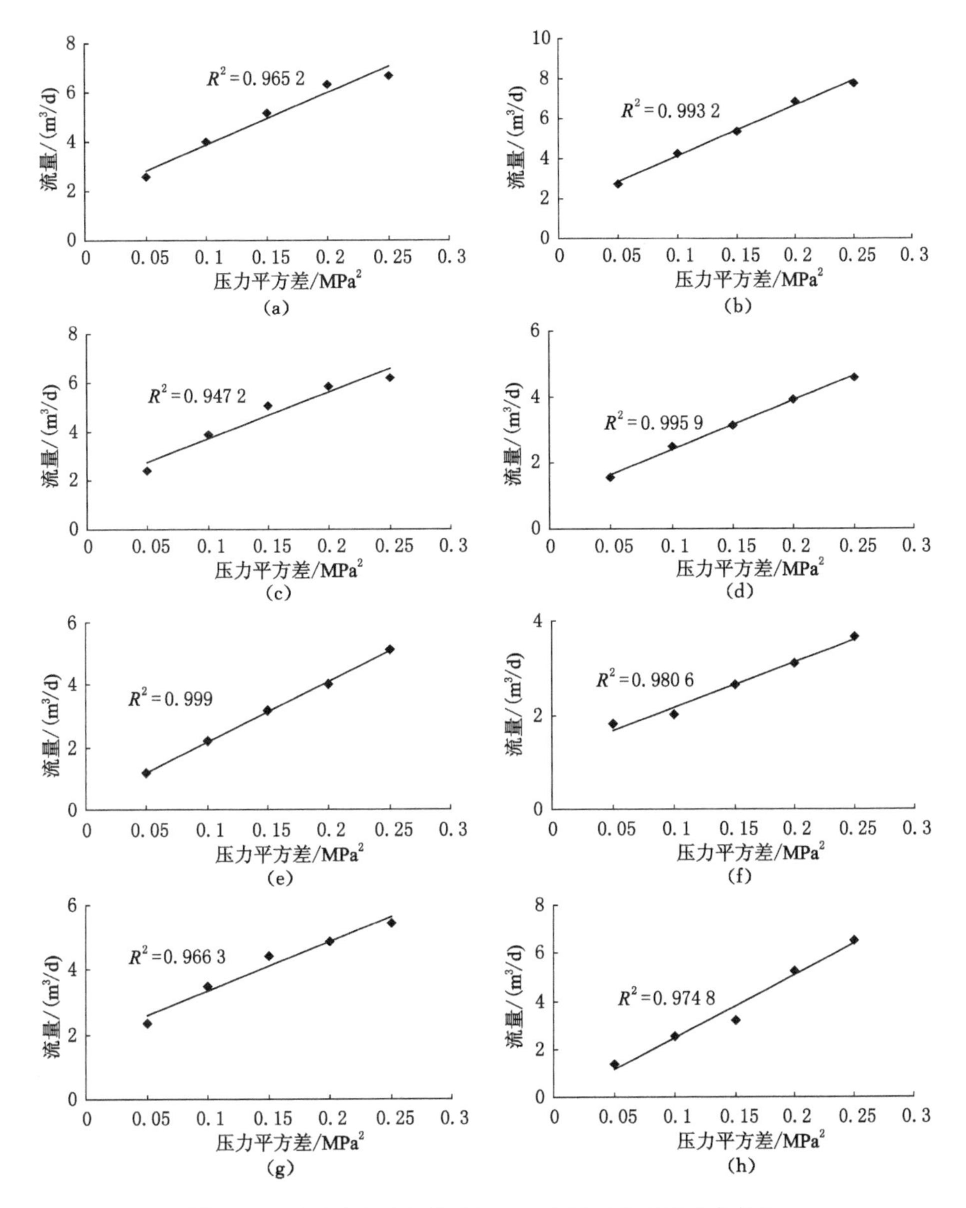

图 4-23 原始状态下气体流量与压力平方差回归拟合曲线

(a) 1 号测点;(b) 2 号测点;(c) 3 号测点;(d) 4 号测点;

(e) 5 号测点;(f) 6 号测点;(g) 7 号测点;(h) 8 号测点

箱体中,通过覆岩的气体流动规律符合达西定律,可用达西定律作为计算依据。

实验表明,图 4-23 和图 4-24 证明了实验箱体内充入的气体无论是在煤层未开采前的原始状态下,还是在煤层完全开采结束后覆岩体卸压状态下,通过模型的

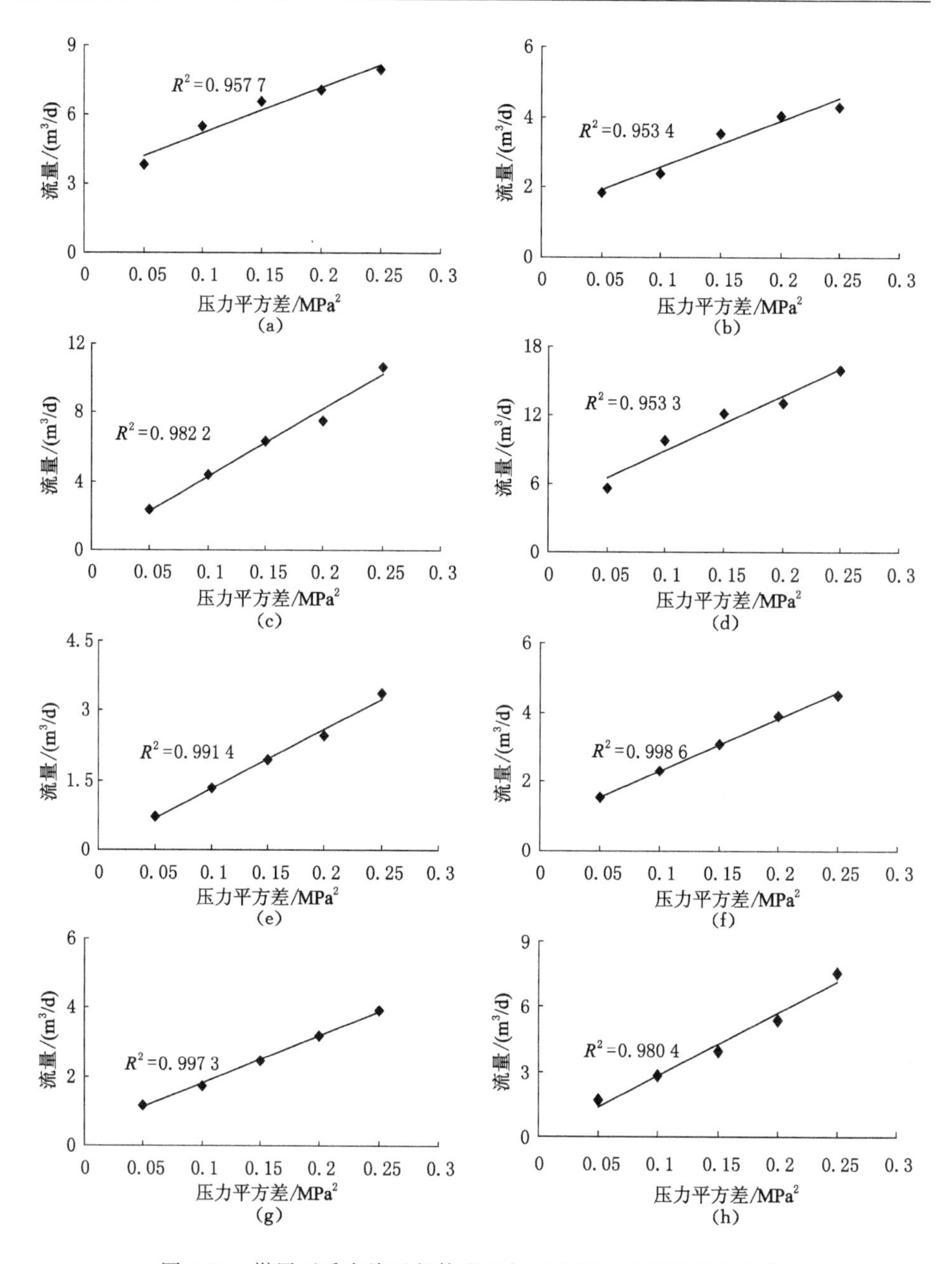

图 4-24 煤层开采完毕后气体流量与压力平方差回归拟合曲线

(a) 1 号测点;(b) 2 号测点;(c) 3 号测点;(d) 4 号测点;
(e) 5 号测点;(f) 6 号测点;(g) 7 号测点;(h) 8 号测点

气体流量与气体压力平方差线性相关,均服从达西定律。因此,实验可以利用达西定律来测定模拟岩层的渗透率,从而研究覆岩体渗透率的变化规律和分布特征。

4.4 覆岩采动裂隙演化规律

从相似模拟实验煤层开采过程中所拍摄的一系列照片可以看出，当切眼形成后，工作面向前推进 10 m 时，直接顶悬露，上覆煤岩体没有产生明显的移动变形。随着工作面的推进，在直接顶岩层产生纵向的破断裂隙，上覆岩层之间产生横向的离层裂隙。随着工作面不断向前推进，上覆岩层之间离层裂隙的宽度和数量都有明显增加。

在模型开采过程中，顶板上覆岩体随着工作面的不断推进，从开始卸压、失稳产生纵向裂隙、横向裂隙，到逐渐变小、吻合，最后完全闭合，这种上覆岩层裂隙演化过程直接影响着瓦斯的运移与储集。

4.4.1 覆岩破断裂隙密度分布规律

一般采用裂隙密度定量描述采动裂隙的发育程度和发展过程，即单位宽度的裂隙条数(条/m)。根据实验数据绘出破断裂隙密度随工作面推进的发展过程，如图 4-25 所示。

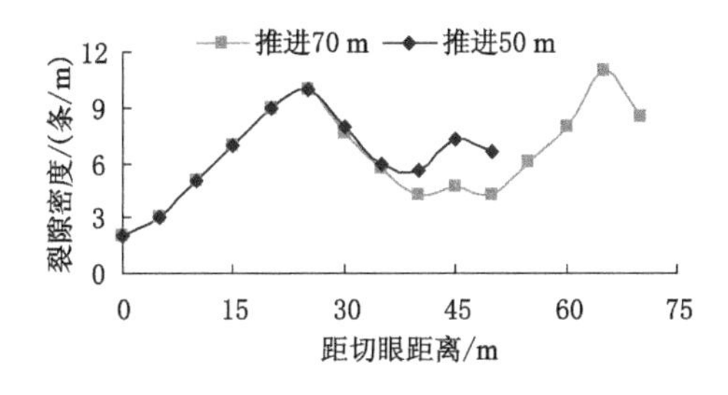

图 4-25 覆岩破断裂隙密度的分布

图 4-25 绘制出了工作面分别推进 50 m 和 70 m 时破断裂隙密度的发展过程。可以明显看出，随着工作面不断推进，煤岩体的采动裂隙先后经过形成、扩展和闭合三个过程。

(1) 切眼到顶板初次来压前，大约 42 m 的范围，上覆岩层由初次开采的微小弹性变形向较大的塑性变形、失稳破坏发展，采场两端出现岩层破断穿层裂隙，中间岩层弯曲下沉，出现岩层离层裂隙，裂隙密度不断增加。随着岩层纵向裂隙的不断增加扩展，直接顶断裂垮落，工作面出现初次来压。

(2) 顶板初次来压后周期性矿压显现的正常回采期，覆岩离层裂隙不断向上延伸发展。随着覆岩离层裂隙的发育，除受煤柱支承作用影响的采场两端采动裂隙仍处于卸压膨胀外，整个采空区中部的裂隙逐渐被垮落覆岩压实，裂隙密度迅速减小。如图 4-25 中当工作面推进 50 m 时，在工作面附近形成的裂隙密度最高达到 8 条/m，但随着工作面继续向前推进，该区域内的垮落岩石被重新压实,裂隙密度下降为 4 条/m。

(3) 随着煤层开采范围扩大,上覆岩层离层裂隙继续逐渐向上跳跃式扩展。在工作面及切眼附近,由于支架支承作用,在此区域内覆岩破断裂隙分布的密度仍然很大。

根据相似模拟实验可以看出,采空区中部的破断裂隙较少,几乎压实,切眼和工作面附近的裂隙多,其分布曲线呈两端高凸、中间低凹,形状如马鞍。

4.4.2 采动上覆岩层下沉规律

煤层开采后,采场上方覆岩原有的应力平衡状态受到破坏,覆岩由弹性状态逐渐向塑性状态转变,造成覆岩应力的重新分布。随着工作面不断向前推进,上覆岩体发生移动、破断及垮落现象。图 4-26 为工作面推进到 107 m 时所采集的各排测点的位移变化曲线。纵坐标为顶板下沉量,单位为 mm,横坐标为距切眼的距离,单位为 m。

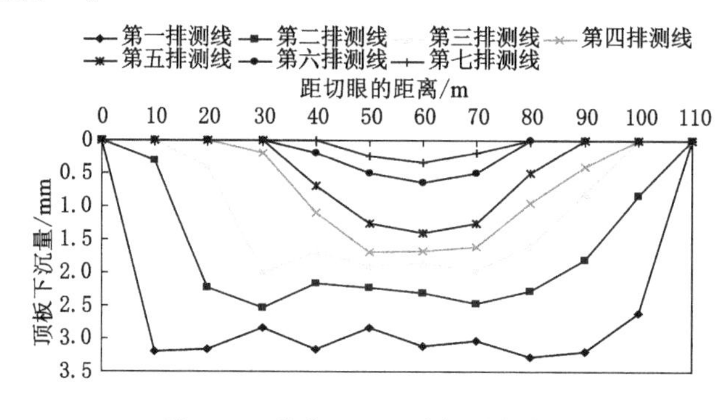

图 4-26 推进 107 m 时各测点位移量

由图 4-26 可以看出,上覆岩层在采动过程中都经历一个连续的动态下沉移动过程,呈现出非线性、非对称的现象。由于各岩层的抗压强度和厚度及层、节理发育情况的不同,垮落步距不同,上覆岩层呈现出成组运动现象。距煤层顶板越远的岩层下沉曲线形态在连续运动时,与地表移动过程越相似,而越近的覆岩垮落后,其下沉曲线越不规则。

从图中可以看出,第一排到第三排的曲线间距比较大,可认为第三排测线下方的覆岩处于冒落带内,位于冒落带之下的覆岩其最大下沉值基本上都位于周期来压处,冒落带之上的覆岩最大下沉量基本上均处于采空区中部。上位岩层的下沉曲线与地表的下沉曲线基本相似,且下沉量小于下层位的值。

4.4.3 覆岩采动裂隙高度变化规律

随着工作面的推进,上覆岩体发生破断和垮落,导致破断裂隙和离层裂隙的出现。通过研究覆岩垮落及离层裂隙高度的动态变化,可以分析出煤岩体瓦斯在采动裂隙场内的运移和聚集形态。图 4-27 为裂隙最高位置、垮落高度与工作面推进距离之间的关系。

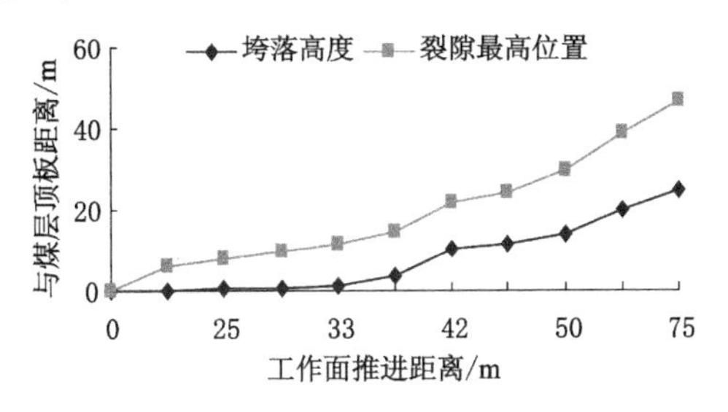

图 4-27 裂隙最高位置、垮落高度与工作面的推进距离之间的关系

从图 4-27 可以看出，离层裂隙与破断裂隙的发展是非匀速由下往上发展的，并不完全同步，离层裂隙比破断裂隙的发展速度快。当工作面推进 10 m 左右时，上覆岩层离层裂隙范围扩大，位置升高。工作面向前推进时，在直接顶初次垮落前，煤层顶板岩层发生纵向的微小裂隙，且随着工作面的推进逐渐增加，最终导致岩层断裂垮落，垮落高度随之增加，特别是当顶板周期来压时，这种变化很明显。

采空区内的瓦斯随着离层裂隙不断向上扩张发育，在瓦斯浓度差和压力差的作用下沿采动裂隙通道向上运移，在上升中不断掺入周围其他气体，最终聚集到裂隙场上部离层裂隙内。由于气体垂直方向的密度不均匀及瓦斯密度稍小于空气，采动裂隙场内的卸压瓦斯由低密度区逐渐转变到高密度区，而使上部瓦斯密度高于下部瓦斯密度。

当工作面推进至 25 m 时，直接顶垮落，离层裂隙逐渐升高，垮落带内的破断裂隙对瓦斯运移影响较小。在工作面推进至 40 m 范围内，直接顶第二层、第三层覆岩垮落，垮落带内煤岩体空隙度大，尽管瓦斯解吸能力增强，但由于采场漏风量较大，对瓦斯的稀释、运移影响程度较大，瓦斯浓度相对较低。推进至 42 m时，基本顶初次来压，岩层发生垮落。随着工作面不断向前推进，顶板周期垮落，岩层垮落高度增加，垮落带下层位的破断裂隙逐渐被压实，压实区边界处煤岩体膨胀系数小，采场漏风降低，但该范围内解吸出的瓦斯仍然很多，因此其中瓦斯浓度较高；压实区内煤岩体碎胀系数变小，漏风逐渐消失，瓦斯解吸能力降低。在切眼附近，煤岩体的膨胀系数及空隙度较大，由于距工作面较远，漏风量小，对瓦斯的运移作用减弱，形成瓦斯积聚的条件，瓦斯浓度上升。

在工作面到 1 倍周期来压推进范围内，由于覆岩层发生弯曲下沉，离层裂隙被压实，聚集在离层裂隙中的瓦斯难以向上运移，只有在未压实的裂隙中的瓦斯继续向上运移、聚集，每当顶板周期来压使采空区空洞体积突然变小时，由于空隙度的降低，大量瓦斯便会从采动裂隙中急剧涌出，采场工作面瓦斯量增加。

4.4.4 覆岩采动裂隙场演化规律

随着工作面的推进，直接顶暴露面积逐渐扩大，当推进至 20 m 时，直接顶岩层之间出现离层现象，25 m时，工作面后方1～1.5 m处的直接顶断裂垮落。开采过程中直接顶断裂及覆岩裂隙演化过程如图4-11～图4-22所示。直接顶垮落后，垮落的岩石不能完全填满采空区，使得覆岩上位岩层在自身重力作用下发生弯曲下沉直至垮落。随着工作面推进，上覆岩层发生周期性垮落现象，垮落高度逐渐升高，采空区的空间不断被填充，但还是存在一定高度的空洞。覆岩不规则垮落与煤层采出厚度的关系为[16]：

$$\frac{\sum h_i}{M}=\frac{\eta k_\rho}{k_\rho-k}-1 \tag{4-4}$$

式中 $\sum h_i$——不规则垮落岩层的厚度，m；

M——采出煤层的厚度，m；

η——采出率；

k——填充系数；

k_ρ——膨胀系数。

从上式可以看出，覆岩垮落高度与煤层的采高、回采率、膨胀系数及采空区填充程度有关。当工作面推进一定距离后，垮落的岩石被重新压实，其膨胀系数逐渐降低，靠近工作面的膨胀系数相对较大。

相似模拟实验表明，上覆岩层之间出现离层裂隙时，作用在离层上的作用力为零，而在岩层的两边存在拉、压应力。裂隙场形成和发展完全受制于覆岩主关键层形成的砌体梁结构及其变形、破断失稳形态。裂隙场从煤层开采后开始形成，随着工作面不断推进，其影响范围和高度不断发生变化，高度逐渐增加，距煤层顶板越来越远。但是，主关键层在采动过程中是否断裂，直接影响到采动裂隙场的大小和位置。图4-28和图4-29分别为工作面推进到42 m和62 m时裂隙场的位置。

从两图中可以看出，覆岩采动裂隙场边界可视为抛物线状。当工作面推进到42 m时，裂隙最大高度距煤层顶板22 m，随着工作面的推进，离层裂隙高度不断向上扩张，裂隙场长度和宽度不断增加，当工作面推进到62 m时，裂隙最大高度距煤层顶板38.5 m。可见，采动裂隙场的高度是随着工作面的推进而变化的。当离层裂隙高度达到主关键层附近时，在主关键层接触垮落岩石前，未破断的主关键层只控制着覆岩的弯曲下沉，主关键层下方的离层裂隙发育，并含有较多的破断裂隙；在主关键层上方的岩层由于受到采动的影响和关键层的控制作用，只有较小的离层裂隙出现，且很难与下方的裂隙沟通，此时，裂隙场的高度不再随着推进距离的增加而变化，而是在某一高度不变。当主关键层接触到垮落岩石后，受采动影响，主关键层在覆岩活动过程中发生变形，甚至破裂，出现破断裂隙，与上方的离层裂隙相互贯通，采动裂隙场高度又一次增加。

图 4-28　42 m 处的裂隙场位置

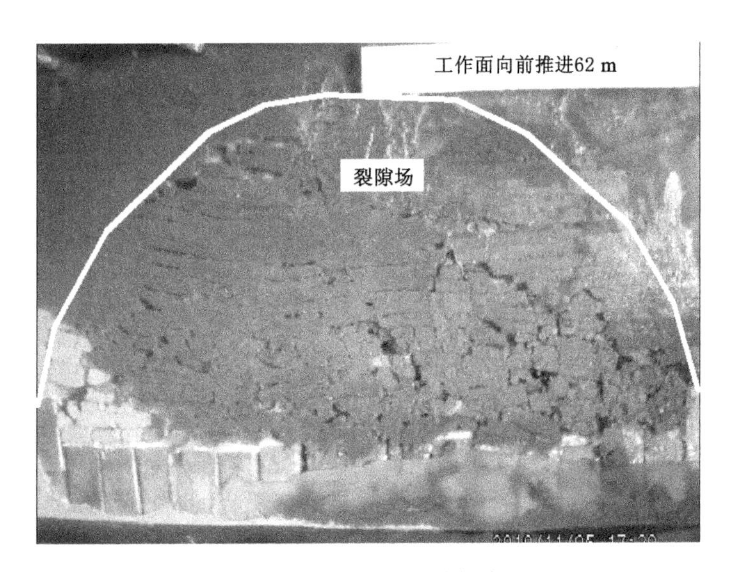

图 4-29　62 m 处的裂隙场位置

卸压瓦斯运移及储集区域在采动裂隙场发育第一阶段主要为顶部裂隙区及四周裂隙发育圈，在第二阶段由于采空区中部垮落煤岩体逐渐被压实，空隙度较低，瓦斯运移较为困难，卸压瓦斯运移及储集区主要集中在四周裂隙发育圈。这样，从理论上解释了采动裂隙场的上部即裂隙带是瓦斯较活跃区域，是瓦斯运移的聚集带。

4.5 覆岩中气体渗流规律

4.5.1 覆岩采动裂隙对渗透率的影响

当工作面开切眼(5 m)时,由于采动影响对覆岩波及范围不大,因此只对1#进气孔进行充气,对实验箱体各出气孔测点进行测试,其结果如图4-30所示。

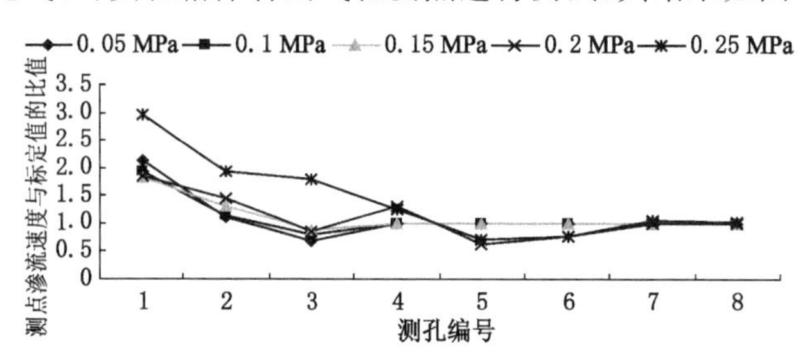

图4-30　开采5 m时1#孔进气不同测孔渗流速度变化曲线

从图4-30可以看出,由于上覆岩层受到采动影响程度的不同,1#测点的渗流速度明显增大,约为标定值渗流速度的1.8倍,2#测点渗流速度变化不大,约为标定值的1.2倍,其他测点随着与煤壁距离的增大,受采动影响较小,渗流速度变化不明显。

当工作面推进到20 m时,直接顶出现微小裂隙。25 m时,直接顶发生垮落,离层裂隙向上发育。由于采动影响对顶板的持续扰动,而使得直接顶出现了一定程度的垮落,顶板中的裂隙也不断发育,对1#进气孔充气时,气体在模型中的渗流速度也有了不同程度的变化,如图4-31所示。

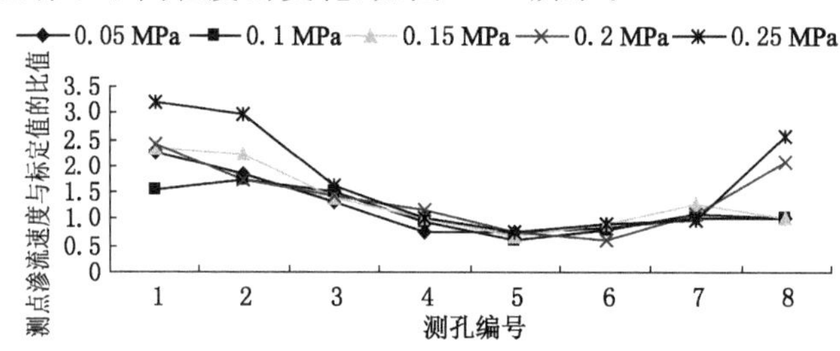

图4-31　开采25 m时1#孔进气不同测孔渗流速度变化曲线

从图4-31可以看出,当工作面推进至25 m时,由于1#测点附近的岩层充分卸压,裂隙发育,1#测点的渗流速度明显增加,约为标定值的2.3倍,2#测点位于采空区内,渗流速度增加至标定值的1.8倍。与开采5 m时相比,采动对覆岩渗流速度影响的范围也逐渐扩大,影响范围达到3#测点,3#测点渗流速度略有增加,约为标定值的1.2倍,说明采动对3#测点的影响不是很强烈,其余测试孔的渗流速度仍然保持在原始标定值。

当工作面推进到 32 m 时，顶板岩层大面积垮落，由于在直接顶垮落时顶板承受的应力降低，此时气体在岩层中的渗流速度与 25 m 处相当。当工作面推进到 37 m 时，上覆岩层发生弯曲下沉，离层裂隙逐渐被压实，使得 1# ～3# 测点的气体渗流速度较在 25 m 处有了明显的减小，如图 4-32 所示。

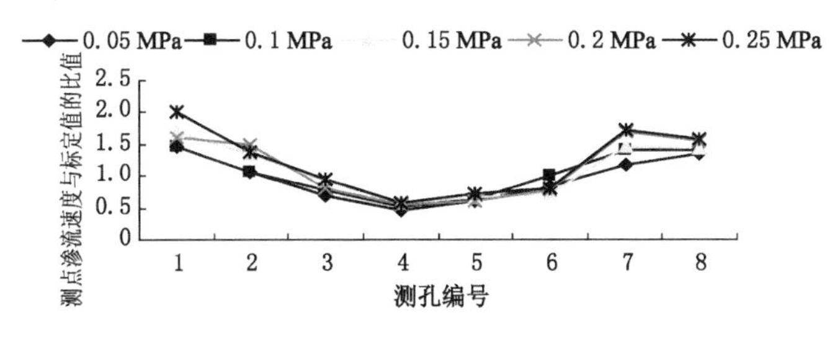

图 4-32　开采 37 m 时 1# 孔进气不同测孔渗流速度变化曲线

当工作面推进到 42 m 时，基本顶初次来压，垮落高度为 10.5 m，切眼处垮落角约为 60°，工作面处垮落角约为 53°，岩梁长度为 25 m，上覆岩层离层裂隙最大高度发展到距煤层顶板 17 m 处。顶板的初次来压对上覆岩层产生较大的影响，使得上覆岩层中的裂隙明显增多，同时对岩层渗透率的影响范围继续扩大，影响程度也随之加剧，如图 4-33 所示。从图中可以看出，1# 和 2# 测点的渗流速度明显增加，分别约为标定值的 2.1 倍、1.7 倍，3# 测点已处于卸压区，渗流速度明显增加，约为标定值的 1.6 倍。采动对岩层的影响范围已经达到 4# 测点，渗流速度增加，说明 4# 测点处于工作面前方采动卸压区的边缘。

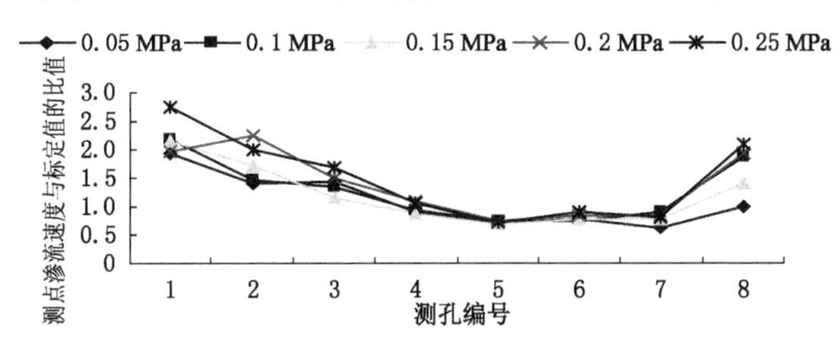

图 4-33　开采 42 m 时 1# 孔进气不同测孔渗流速度变化曲线

当工作面推进到 50 m 时，发生第一次周期来压，来压步距为 8 m，此时覆岩垮落范围扩大，垮落高度升高，上覆岩层离层裂隙发育，3# 测点渗流速度增加。在此过程中 1# 测点和 2# 测点范围内的岩层已逐渐被压实，此时这两个测点的气体渗流速度较在 42 m 时有所下降。当工作面推进到 62 m 时，顶板第二次周期来压，来压步距为 12 m，垮落范围进一步扩大，上覆岩层的裂隙继续向上发育。在从 50 m 到 62 m 的推进过程中，1# 测点和 2# 测点范围内上覆岩层进一步压实，渗流速度趋于稳定，约为标定值的 1.3 倍；3# 测点此时位于采空区中部，离层裂隙发育，使得 3# 测点的渗流速度明显地升高，约为标定值的 2.2 倍，如图 4-34 所示。

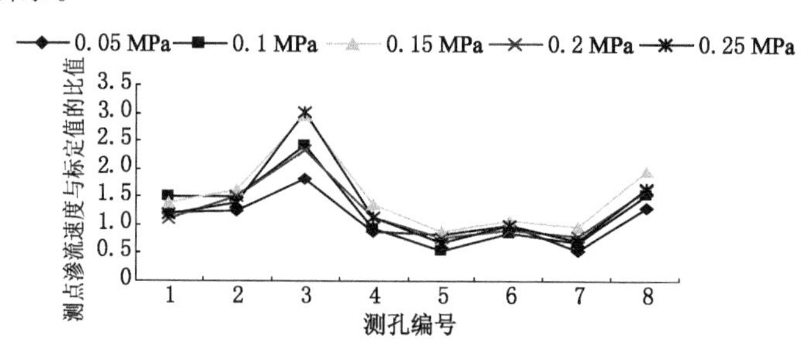

图 4-34　开采 62 m 时 1# 孔进气不同测气孔渗流速度变化曲线

通过上述对切眼、顶板初次垮落、工作面推进 37 m、顶板初次来压及第二次周期来压时采动影响下岩层气体渗流速度的变化分析可以看出，随着工作面不断推进，裂隙经历了从发育到逐渐被压实的过程，裂隙的产生促使岩层的渗流速度增加，当后期裂隙被逐渐压实时，岩层的渗流速度有所降低，但是相比在原始状态下的渗流速度还是增加的。因此，上覆岩层渗流速度随着工作面的推进是一个升高、降低、再升高、再降低、最后趋于稳定的过程。

整理实验测试数据结果，绘出其他进气孔充气时各测试孔测得渗流速度的变化曲线，如图 4-35 和图 4-36 所示。从图中可以看出，其他各孔充气时各测点的渗流速度变化规律与 1# 孔进气时的变化规律分析结果一致。因此，各测试孔测得的上覆岩层渗流速度的变化规律与选择进气孔位置变化所产生的影响不大。

4.5.2　工作面推进距离对渗透率的影响

为了更好地观察工作面推进距离对上覆岩层渗透率变化的影响，实验对工作面距切眼距离的变化过程进行了定孔测试，通过整理分析实验测试数据，得到如图 4-37 所示的渗流速度随推进距离变化的曲线。

1# 测点距切眼水平距离 5 m。从图 4-37(a)可以看出，煤层切眼形成后，由于岩层卸压，切眼附近的岩层渗流速度增大，约是标定值的 1.8 倍。随着工作面的不断推进，裂隙不断发育，渗流速度明显增加。当工作面推进至 25 m 时，1# 测点处的岩层裂隙发育，渗流速度增加，约为标定值的 2.3 倍。在工作面从 25 m 推进至 37 m 的过程中，覆岩顶板发生弯曲下沉，1# 测点附近的离层裂隙逐渐被压实，渗流速度明显变慢，仅为标定值的 1.6 倍。当工作面推进至 42 m 处，模型基本顶初次来压，发生大面积垮落，对 1# 测点附近的岩层产生较强的影响，加剧了覆岩中裂隙的发育，使得渗流速度再一次升高，约为标定值的 2.1 倍。

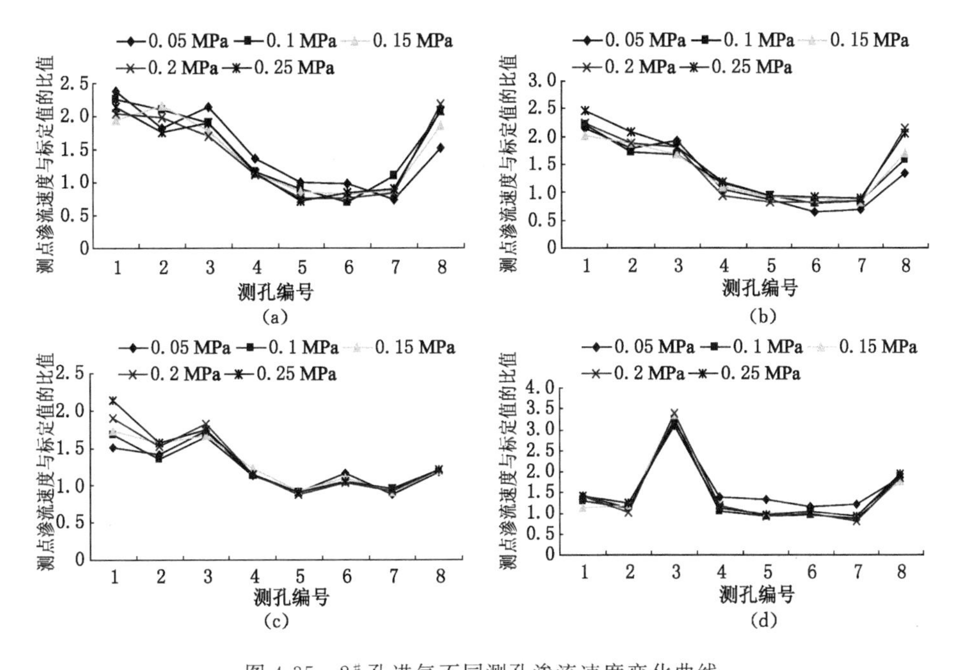

图 4-35 2# 孔进气不同测孔渗流速度变化曲线

(a) 工作面推进 25 m;(b) 工作面推进 37 m;(c) 工作面推进 42 m;(d) 工作面推进 62 m

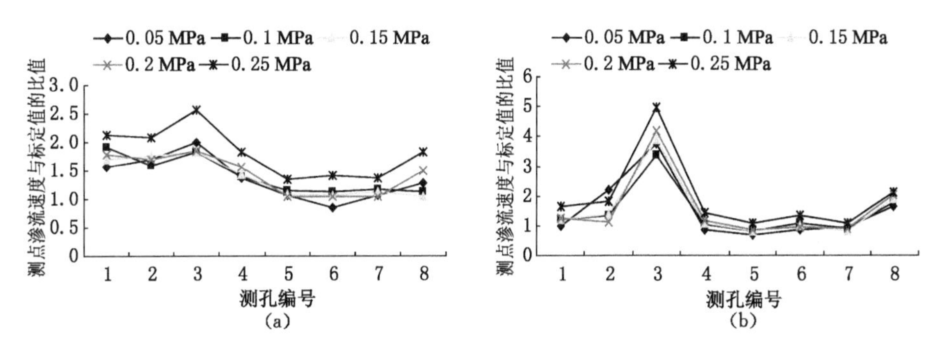

图 4-36 3# 孔进气不同测孔渗流速度变化曲线

(a) 工作面推进 37 m;(b) 工作面推进 62 m

在工作面从 42 m 推进至 50 m 的过程中,1# 孔附近的岩层重新压实,渗流速度再一次降低。在推进到 50 m 时,顶板发生了第一次周期来压,由于距工作面较远,来压对 1# 孔附近的岩层没有产生较大的影响,渗流速度变化不大,约为标定值的 1.8 倍。从图 4-37(b)较明显地反映出当推进到 62 m 时,基本顶发生第二次周期来压,来压对 1# 测点附近气体渗流速度的变化影响不大,约为标定值的 1.3倍,说明 1# 测点附近岩层渗流速度随着工作面向前推进而趋于稳定,仅在周期来压时发生波动,但变化幅度不大。

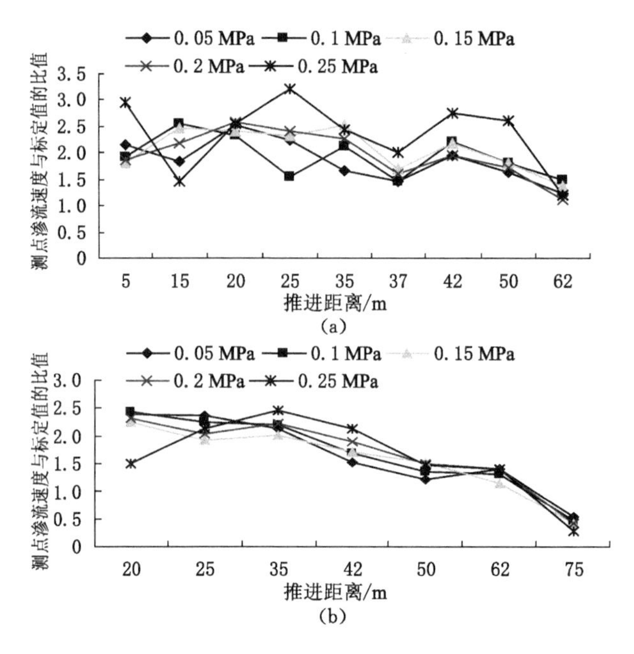

图 4-37　渗流速度与推进距离的变化曲线

(a) 1# 孔进气 1# 孔测试；(b) 2# 孔进气 1# 孔测试

2# 测点距切眼水平距离 20 m。从图 4-38(a)可以看出，切眼形成后，2# 测点进入采动影响区域内，岩层承受的应力降低，渗流速度增加，但变化幅度并不明显。随着工作面的推进，2# 测点渗流速度逐渐增加，推进至 15 m 时，约为标定值的 1.6 倍；在推进至 20 m 的过程中，2# 测点逐渐靠近工作面煤壁，岩层承受的应力逐渐增加，渗流速度开始降低，20 m 时，约为标定值的 1.3 倍。随着工作面向前推进，2# 测点进入采空区，附近岩层裂隙逐渐发育，渗流速度明显增加，推进至 25 m 时，约为标定值的 1.8 倍。在工作面从 30 m 推进至 42 m 的过程中，2# 测点逐渐向采空区中部变化，此时顶板岩层开始发生弯曲下沉，2# 测点附近的离层裂隙逐渐被压实，岩层承受的应力增加，渗流速度降低，37 m 时仅为标定值的 1.1 倍。当工作面推进至 42 m 时，基本顶初次来压，岩层大面积垮落，2# 测点附近的岩层裂隙发育，渗流速度增加，约为标定值的 1.7 倍。从图 4-38(b)较明显地反映出，当顶板第 1 次(50 m 时)、第 2 次(62 m 时)周期来压时，对 2# 测点附近的岩层产生了影响，渗流速度发生变化，但是由于距离煤壁较远，变化范围较小。随着工作面的继续推进，2# 测点距离工作面越来越远，来压对 2# 测点附近岩层渗流速度的变化影响不大，说明 2# 测点附近岩层渗流速度随着工作面向前推进而趋于稳定。

通过整理其他各测点测试数据结果，对整个实验过程中 3#、4# 测点测得的

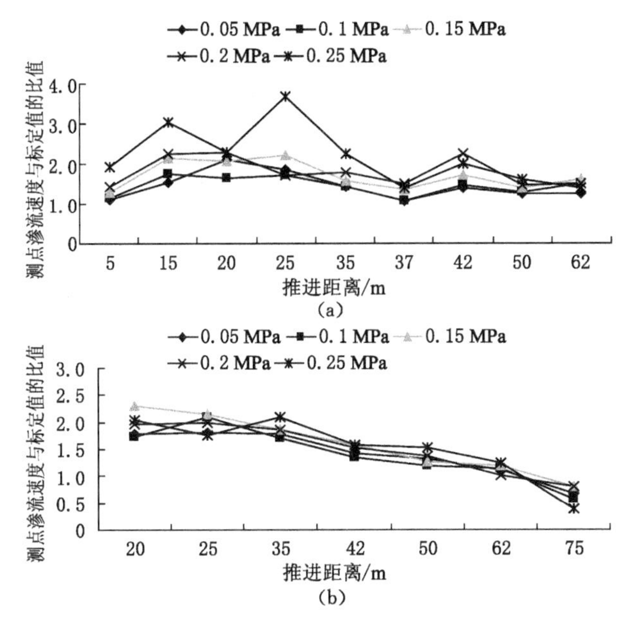

图 4-38 渗流速度与推进距离的变化曲线

(a) 1# 孔进气 2# 孔测试;(b) 2# 孔进气 2# 孔测试

渗流速度在不同工作面推进距离下的变化规律进行分析,结果也基本与上述分析结果一致,如图 4-39 所示。

4.5.3 裂隙场内覆岩渗流速度变化规律

根据渗透率测试实验结果,绘出了工作面推进 75 m 时,距煤层底板 30 m 覆岩的渗流速度与距切眼不同距离的变化曲线,如图 4-40 所示。

从图 4-40 可以看出,煤层开采对上覆煤岩层产生了较强的卸压增透效应,卸压后的岩层渗流速度总体比原始状态下的大。

在采动裂隙场范围内,距煤层底板 30 m 覆岩渗透率分为 3 个区域。距切眼 15～37 m(即距裂隙场左边界 0～22 m)范围内,形成卸压增流区。该区域内覆岩应力小,破断裂隙发育,上覆岩层的渗流速度逐渐增加,并达到初始来压前的最大值。在距切眼 37～55 m 范围内,形成稳压稳流区。该区内覆岩渗流速度平稳,在某一定值内小幅度地上下波动,主要原因是基本顶周期来压使得覆岩裂隙增加,渗流速度向上波动,但是由于工作面向前推进,裂隙逐渐被压实,渗流速度向下波动,但总体变化幅度不大。距切眼 55～75 m(即距裂隙场左边界 40～60 m)范围内,形成卸压增流区。由于 62 m 处的周期来压,垮落的岩石产生大量的破断裂隙,离层裂隙也充分发育,覆岩的渗流速度再一次增加。但是在工作面附近 0～5 m 处,由于支架的支承应力存在,将工作面附近的裂隙压实,而促使渗流速度降低。

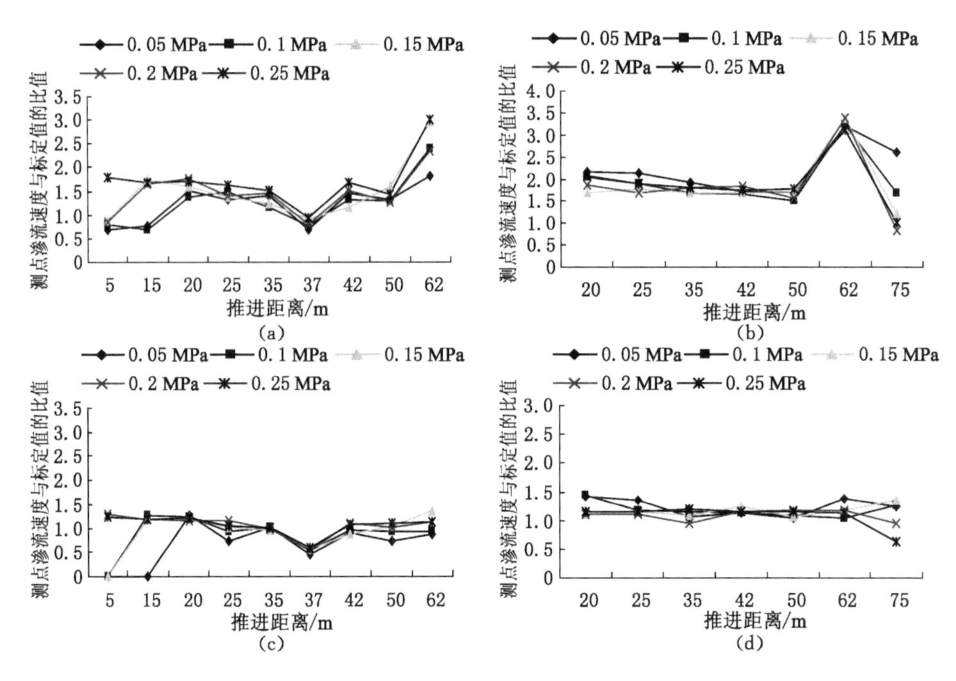

图 4-39　渗流速度与推进距离的变化曲线

(a) 1# 孔进气 3# 孔测试;(b) 2# 孔进气 3# 孔测试;

(c) 1# 孔进气 4# 孔测试;(d) 2# 孔进气 4# 孔测试

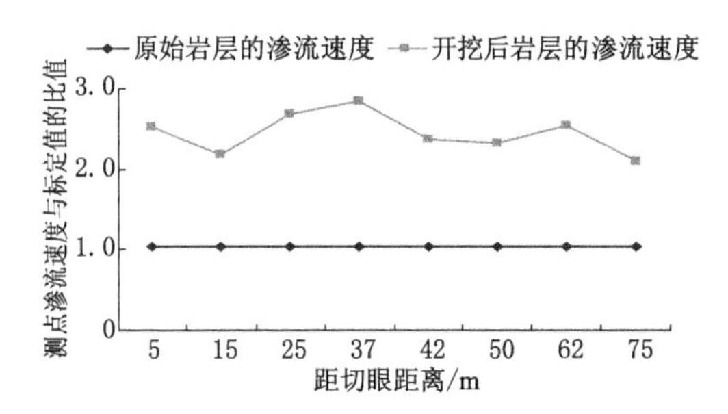

图 4-40　与切眼不同距离岩层渗流速度变化曲线

综上所述,煤层的开采产生上覆岩层离层和破断裂隙,覆岩体的渗透率大于原始状态,但渗透率增加比例有所不同,这主要是由于受到采空区覆岩垮落将破断裂隙压实和未破断的覆岩弯曲下沉压实离层裂隙的影响,渗流率的变化在一定程度上也反映出岩层的应力变化规律。

4.5.4　渗透率测试实验结果分析

上覆岩层的应力平衡状态受采动影响遭到破坏,出现裂隙甚至垮落,随着工作面推进,采动对上覆岩层的影响程度不断加深,裂隙不断发育,裂隙之间相互贯通形成了气体运移的主要通道。由于受到工作面推进距离的限制，并不是煤层采动后瓦斯气体就会在上覆岩层中发生运移，只有受到充分采动的区域覆岩渗透率才有所提高，气体渗流速度才会增加。

距切眼 5 m 处的 1# 测点在煤层开切眼时气体渗流速度是原始标定值的1.8倍，而由于 2# 测点距离工作面较远，测量值变化不大。当推进至 25 m 时，1# 测点渗流速度较开切眼时增加 35%，2# 测点增加 80%。随着工作面的推进，1#、2# 两个测点距离工作面越来越远，气体渗流速度开始回落，在 42 m 时 1# 测点渗流速度降低 35%，2# 测点渗流速度降低 50%，此时 3# 测点的渗流速度开始增加，为标定值的 1.3 倍。推进至 62 m 以后，3# 测点渗流速度继续增加，而 1#、2# 两个测点的渗流速度开始趋于稳定，为标定值的 1.3 倍。

由此可以看出，煤层的采动虽然破坏了岩层原有的应力平衡状态，采动后气体渗流速度升高，但是上覆岩层不断地压实，使得位于采空区内的岩层中本已发育的裂隙发生闭合现象，导致气体渗流速度不是一直升高，而是在工作面推进一定距离内达到最高点后再随着工作面推进开始降低，从而造成气体在岩层中的渗流速度呈现先升高后降低的变化趋势。但是相比原始状态下的渗流速度较大，说明裂隙的产生对气体渗流速度产生了较大的影响。随着工作面推进，顶板周期垮落，使得覆岩本已闭合的裂隙再一次发育，气体渗流速度有所升高，距离工作面后方较远的岩层受采动影响较小，渗流速度变化幅度减小，逐渐趋于稳定。因此，覆岩内部的气体渗流速度在整个采动过程中呈现先升高后降低、再升高再降低、最后趋于稳定的变化规律。

4.6 本章小结

(1) 自主研发了两套相似实验材料渗透率测试设备，并通过该设备对以石膏为胶凝剂的试件进行了渗透率测试。结果表明，试件的渗流速度随着石膏质量的增加呈下降趋势，而抗压强度随之增大。

(2) 通过研究充入实验箱体内的气体在煤层未开采前的原始状态和煤层完全开采结束后覆岩体的卸压状态，得到其通过箱体模型后，出口流量和进、出口压力平方差线性相关，均服从达西定律，因此可利用达西定律计算岩层的渗透率。

(3) 随着煤层的开采，采动裂隙经历了形成、扩展和闭合三个过程。开切眼到顶板初次来压前，采场两端出现岩层破断穿层裂隙，中间出现岩层离层裂隙；顶板初次来压后到周期性矿压显现的正常回采期，覆岩离层裂隙不断向上延伸发展；随着煤层开采范围的扩大，上覆岩层发生弯曲下沉，离层裂隙逐渐被压实直至闭合。

(4) 裂隙场高度受主关键层影响明显。当离层裂隙高度达到主关键层附近时,主关键层上方的岩层只出现较小的离层裂隙,难与下方的裂隙沟通,裂隙场的高度不再变化;在主关键层覆岩活动过程中发生变形、破断,出现的破断裂隙与上方的离层裂隙沟通,采动裂隙场高度再一次增加。

(5) 通过分析实验测试结果得到,在采动裂隙场范围内,距煤层底板 30 m 覆岩渗透率分为 3 个区域。距切眼 15～37 m(即距裂隙场左边界 0～22 m)的范围内,形成卸压增流区,渗流速度逐渐增大,并达到最大值;距切眼 37～55 m 范围内,形成稳压稳流区,覆岩渗流速度平稳;距切眼 55～75 m(即距裂隙场左边界 40～60 m)范围内,形成卸压增流区。上覆岩层气体渗流速度随着工作面的推进总体是一个先升高后降低、再升高再降低、逐渐趋于稳定的动态变化过程。

5 固气耦合模拟实验相似材料特性测试研究

5.1 相似实验材料选取及试件的制作

5.1.1 相似实验材料的选择

目前,物理相似模拟实验使用的相似实验材料有很多种,特别是胶凝剂,主要有石膏、油、沥青、石蜡等。水、河沙、石膏和大白粉作为相似实验材料已被广泛使用,特别是在单相模拟实验中。但是,对于固气耦合相似模拟实验,该类相似材料制作的模型渗透率偏大。同时,固气耦合相似模拟实验模型需要在一个完全密封的箱体内搭建,用水制作的模型晾干时间较长。以往的固气相似模拟实验均因没掌握实验的关键技术和合理的相似模拟材料,实验效果不理想。

以石蜡作为胶凝剂,在相似模拟实验中不常使用。国外如乌克兰科学院曾采用以沙、石蜡油、石墨的混合物作为相似材料模拟发生在泥质岩层的底鼓;雅各比(Jacoby)等采用甘油、熔融石蜡等模拟地幔对流和板块的驱动作用[219];威恩斯(Wiens)[220]、金凯德(Kincaid)与奥尔森(Olson)分别用熔融的石蜡、糖浆等制作岩石圈,模拟板块碰撞过程中通过重力作用使板块俯冲下插的过程[221]。施曼达(Shemenda)也采用以石蜡、矿物油、石膏等半塑性混合材料和水分别作为岩石圈和软流圈,模拟板块俯冲碰撞这一动力学过程[222]。国内如长江水利水电科学研究院以石蜡油做胶凝剂,模拟强度较低、变形较大的塑性破坏型岩体和泥化夹层[223]。

本次相似实验材料选用的石蜡为低熔度优质石蜡(熔点为 42～54 ℃)。石蜡加热后,液态石蜡与沙子充分混合,在较短时间内石蜡的温度降低,再次变成固态,填充了模型沙粒之间的空隙,如图 5-1 所示。用石蜡作为胶凝剂制作的模型具有良好密封效果,适于做固气和固液两相的模拟实验模型。石蜡虽然没有固定熔点,但以此为胶凝剂的实验材料在常温下呈固态,性能稳定,而且模拟实验都是在常温下进行的,满足固气耦合模拟实验的基本要求。同时,在制作试件及模型铺设过程中可以发现,加入石蜡原始的质量为 50 g,经过加热并再次凝固后的质量为 49.8 g,说明石蜡质量在实验过程中的损失较小。

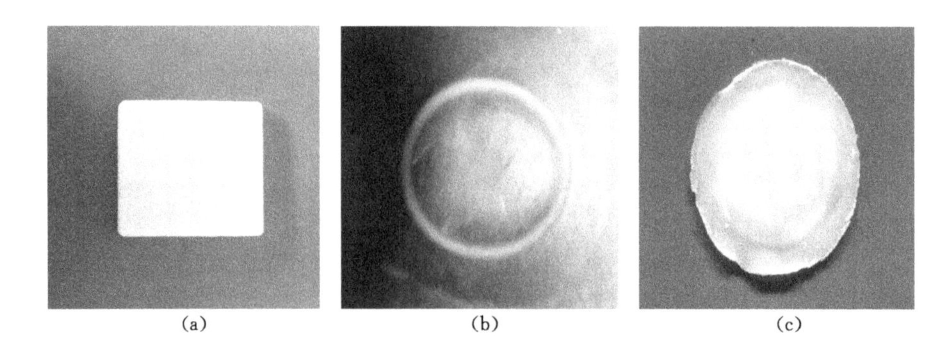

图 5-1　不同温度下的石蜡状态
(a) 原始固态石蜡;(b) 加热后的液态石蜡;(c) 再次凝固后的石蜡

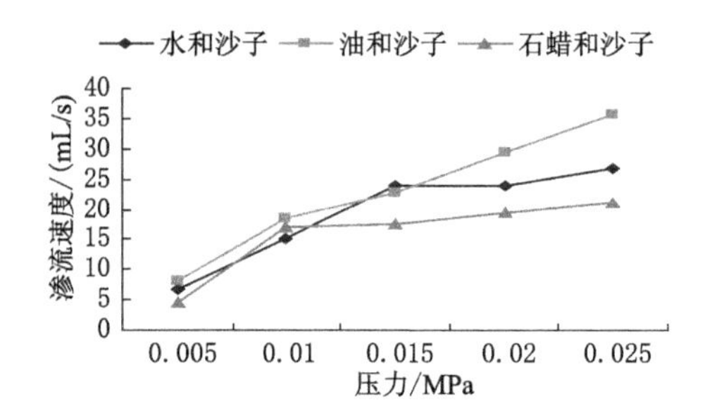

图 5-2　同一抗压强度下不同实验材料试件的渗流速度

从图 5-2 可以看出,利用石蜡作为相似模拟实验的胶凝剂,不但可以模拟岩层的抗压强度,而且在很大程度上也降低了气体通过模拟岩层的渗流速度,使其更符合现场实际岩层的性质。同时,在实验过程中发现,运用以石蜡为胶凝剂的相似实验材料铺设模型,在完全密封的箱体内成型时间较短,有利于固气耦合相似模型的搭建和实验研究。

5.1.2　相似实验材料的配比

配比是在物理相似模拟实验过程中,骨料和胶凝剂之间的质量比值。在本次模拟实验中,采用以石蜡、油、沙子作为相似模拟实验的主要材料,要求铺设的模型其抗压强度和渗透率都必须符合现场实际岩层性质,而不同的配比做出的试件均具有不同的抗压强度和渗透率。当配比中石蜡的含量较多时,测得试件渗透率特别低,但试件抗压强度特别大;反之,石蜡含量减少时,试件抗压强度虽然降低,但试件的渗透率又不能满足固气耦合模拟实验的要求。所以,必须寻求一定的配比,让试件既能满足固气耦合模拟实验中对模型抗压强度的要求,又能符合实验对渗透率的要求,从而确保在固气耦合模拟实验过程中更好地研究覆岩裂隙演化规律和渗透率的变化规律及其分布特征。

在试件实验过程中，首先从加入最大石蜡量和加入最大油量着手，寻求配比的边界值。当相似实验材料中石蜡与沙子质量比为 1∶10 时，测得抗压强度为 0.66 MPa；加入 150 mL 油后，试件抗压强度为 0.016 MPa。从测试结果可以发现，石蜡与沙子质量比为 1∶10 的试件抗压强度较大，利用该配比铺设的模型难以模拟岩层垮落和裂隙产生现象；再加入 150 mL 油后，试件抗压强度降低幅度较大。但是，由于加入油量过多，相似实验材料散热速度慢，石蜡不能在短时间内凝结，不利于相似模拟实验模型的铺设，因此，将这两个比例值选定为试件实验配比的最大边界值。通过调节相似实验材料中石蜡、沙子和油三者之间的质量比例，制作大量的配比试件，对制作好的试件收藏保养后再分别进行力学参数测试和渗流速度测试，通过配比和参数的逼近，最终确定合理的相似实验材料配比。

5.1.3 试件的制作

在试件实验中，考虑到石蜡加热后具有黏附特性，为了便于试件的制作，保证试件的表面质量，采用单轴实验双开钢制材料圆筒形模具制作试件，如图 5-3 所示。模具的尺寸为 ϕ50 mm×100 mm，高度与直径比为 1∶2，满足岩石试件压缩实验的要求。

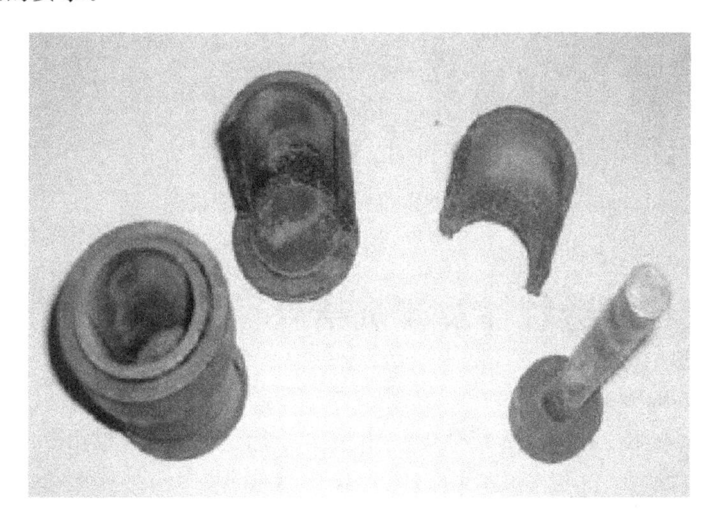

图 5-3 试件制作双开模具

在试件制作过程中，石蜡采用精密仪器物理天平称取，油量采用 50 mL 的量筒量取，其他相关材料利用电子秤称取，严格按照事先选取的配比制作试件。无论是制作试件还是铺设模型，在材料制作过程中都需要加热石蜡，必须保持相似实验材料具有一定的温度。如果温度过高会破坏石蜡的物理性质，加快石蜡的挥发，甚至使石蜡着火燃烧；温度太低又不能充分加热石蜡，使其与其他材料难以完全混合，这都不利于实验模型的制作和搭建。本次实验在试件制作过程中采用常用的铁锅和煤气炉加热石蜡，铁锅传热速度快，能在较短的时间内熔化固态石蜡，利用煤气炉控制加热温度，一般控制在 100～110 ℃。

试件制作过程：首先加热石蜡，让其变成液态，将沙子倒入锅中，进行翻炒，使石蜡和沙子充分混合后，立即关火，按照比例加入一定质量的油，再次翻炒，让石蜡、沙子、油三者充分混合，在材料冷却一定时间后，立即装入模具中，进行压实，等冷却成型之后再拆模具。由于试件模型体积较小，实验材料强度较低，在拆掉模具后需对试件进行养护、编号以备测试。不同配比的试件编号分别为 M01、M02、M03……，每组同一配比的试件制作 3 个，编号分别为 M011、M012、M013、M021、M022……本次实验共制作了 32 组不同配比的试件，制作效果如图 5-4 所示。

图 5-4　相似实验材料制作的部分试件

5.2　试件渗透特性及测试结果

5.2.1　岩体的渗透特性

渗透率是表示岩体渗透特性的一个重要指标，其数值可以由达西定律来确定。岩体的渗透率仅与多孔介质固体骨架本身性质有关，如颗粒大小、形状、粒径分布、比表面积、孔隙率等，而与流体的性质无关。在工程上，也常用渗透系数来描述流体通过介质的难易程度，渗透系数是表征岩石透水性的重要指标，其大小取决于岩石中空隙的数量、规模及连通情况等。表 5-1 所列为部分岩石的渗透系数值[224]，图 5-5 给出了渗透系数和典型多孔介质对照图[225]。

表 5-1 部分岩石的渗透系数

岩石名称	裂隙特征	渗透系数 K/(cm/s)
花岗岩	较致密、微裂隙	$1.1\times10^{-12}\sim9.5\times10^{-11}$
	含微裂隙	$1.1\times10^{-11}\sim2.5\times10^{-11}$
	微裂隙及部分粗裂隙	$2.8\times10^{-9}\sim7\times10^{-9}$
片麻岩	致密	$<10^{-13}$
	微裂隙	$9\times10^{-8}\sim4\times10^{-7}$
	微裂隙发育	$2\times10^{-9}\sim3\times10^{-6}$
玄武岩	致密	$<10^{-13}$
石灰岩	致密	$3\times10^{-12}\sim6\times10^{-10}$
	微裂隙、空隙	$2\times10^{-9}\sim3\times10^{-6}$
	裂隙较发育	$9\times10^{-6}\sim3\times10^{-4}$
砂岩	较致密	$10\times10^{-13}\sim2.5\times10^{-10}$
	裂隙发育	5.5×10^{-6}
页岩	微裂隙发育	$2\times10^{-10}\sim8\times10^{-9}$
石英岩	微裂隙	$1.2\times10^{-10}\sim1.8\times10^{-10}$

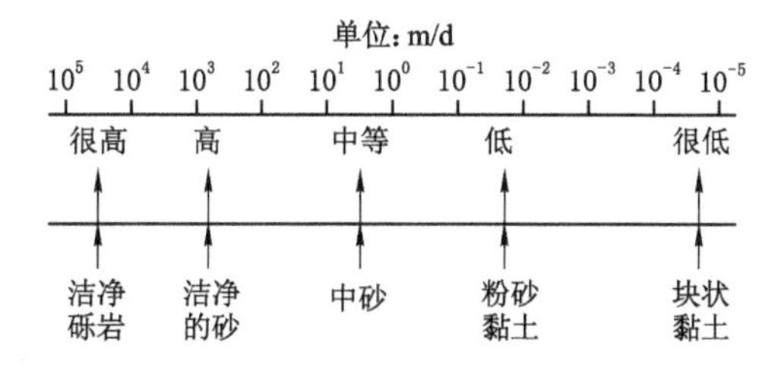

图 5-5 渗透系数与典型多孔介质对照图

一般情况下煤层瓦斯为气态，它在煤岩体内流动过程中的密度和体积都可能发生改变。因此，瓦斯的流动过程要比水在多孔介质中流动时复杂。目前国内尚无成熟的以气体为渗透介质的电液伺服实验装备。如果以水作为渗透介质，由于介质密度 ρ 和动力黏度 μ 的不同，不同的流体反映的渗透系数也不同。根据煤岩体多孔介质特性，渗透率与渗透系数的关系式为：

$$k=\frac{K\mu}{\rho g} \tag{5-1}$$

式中，K 是渗透系数，单位为 m/s，k 为煤岩固体骨架渗透率，它只与多孔介质本身的骨架结构特性有关，具有面积的量纲，可以理解为多孔介质中孔隙通道面积的大小和孔隙弯曲的程度。渗透率越高，多孔介质孔道面积越大，流动越容

易。因此，可将水的渗透系数 K_w 转换为瓦斯气体的渗透系数 K_g，即

$$K_g = K_w \frac{\mu_w \rho_g}{\mu_g \rho_w} \tag{5-2}$$

式中 μ_w，ρ_w ——水的动力黏性系数和密度；

μ_g，ρ_g ——瓦斯的动力黏性系数和密度。

在实验条件下，如果保持室温 20 ℃不变，大气压差变化为零，则此时有 $\mu_w = 100.2 \times 10^{-5}$ Pa·s，$\rho_w = 988.3$ kg/m³，$\mu_g = 1.06 \times 10^{-5}$ Pa·s，$\rho_g = 0.716$ kg/m³，可以计算出 $K_g = 6.6549 \times 10^{-2} K_w$，可见瓦斯气体在煤岩体内的渗透系数要比水在煤岩体内的渗透系数小，只是水的渗透系数的 0.066 549 倍。

5.2.2 实验材料对试件渗透率的影响

按照相似实验材料配比中胶凝剂比例测试了 32 组配比材料的渗流速度(在本书中表征流量大小)，整理部分试件测试结果数据，如图 5-6～图 5-8 所示。

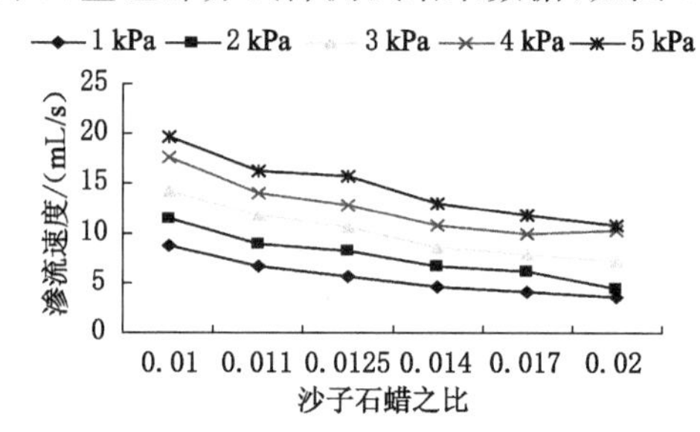

图 5-6 含 0 mL 油试件渗流速度与配比关系

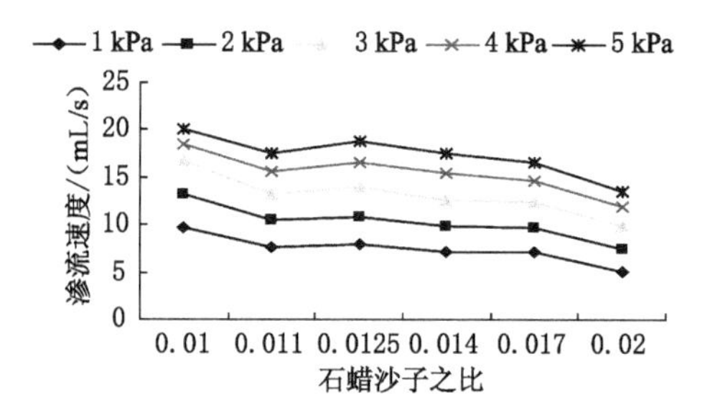

图 5-7 含 20 mL 油试件渗流速度与配比关系

从测试结果可以看出，当试件材料的含油量不变时，随着相似实验材料中石蜡比例增大，试件的渗流速度逐渐降低；当石蜡与沙子质量比不变时，随着试件中含油量的逐渐增加，试件渗流速度先升高再逐渐降低。从岩石组成成分和结果来看，岩石组成结构越致密，所对应的原型岩石强度越大，岩石本身的渗透性越弱，反之渗透性越强。因此，相似实验材料渗透率的变化规律与岩石的渗透率变化规律是相似的。

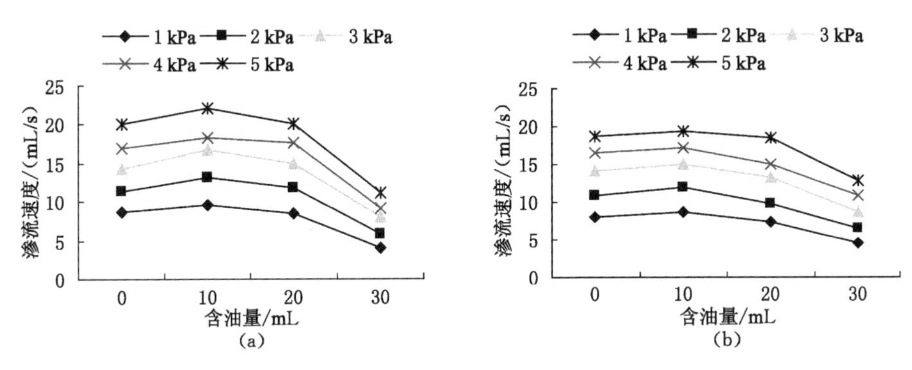

图 5-8 试件渗流速度与油量关系

(a) 石蜡与沙子质量比为 0.02;(b) 石蜡与沙子质量比为 0.012 5

根据上述测试结果,并结合第 4 章以石膏、大白粉为胶凝剂的相似实验材料可以看出,不同含量的胶凝剂对试件的渗流速度产生不同的影响,胶凝剂含量越多,试件的渗流速度越小。为了更好地模拟实际岩层的渗透率,掌握采动过程中气体通过覆岩的渗流速度变化规律,固气耦合模拟实验另选以石蜡作为相似实验材料的胶凝剂,为研究覆岩采动裂隙与卸压瓦斯渗流的固气耦合规律提供保证。

5.3 试件强度特性及测试结果

5.3.1 岩体的强度特性

在拉伸、压缩、弯曲或剪切等各种载荷作用下,岩体破坏时所承受的最大载荷应力值称为岩石的强度。坚硬的岩体和塑性的岩体(如黏土)的强度,主要取决于岩石的内黏结力和内摩擦力的大小,松散性岩体的强度主要受内摩擦力大小的影响。为了研究岩体的强度特征,经常将岩体制作成试件在实验室内进行强度测试,如单轴抗压强度实验、三轴抗压强度实验、抗拉强度实验、抗剪强度实验等。表 5-2 所列为我国煤矿常见岩石的单轴抗压强度值[20]。

表 5-2 我国煤矿常见岩石的单轴抗压强度

岩石名称	抗压强度 σ_c /MPa	岩石名称	抗压强度 σ_c /MPa
泥岩	12.0～20.0	粉砂岩	36.3～54.9
石灰岩	52.9～157.8	细砂岩	103.9～143.0
砾岩	80.4～94.0	中砂岩	85.7～133.3
砂砾岩	6.9～121.5	粗砂岩	56.8～123.5
煤	4.9～49.0	砂质页岩	39.2～90.2

在现场实践中，岩石的受力状态千变万化，各点的受力状态都不相同，况且岩石的内部结构复杂多变，其强度随着外部受力环境的不同发生变化。目前最常用的破坏准则有最大拉应变准则、库伦-纳威准则、库伦-莫尔破坏准则、格里菲斯强度准则等。在刚性压力机上进行单轴压力实验，可以得到完整的岩石应力-应变全过程曲线[226]，典型的岩石应力-应变曲线如图 5-9 所示。

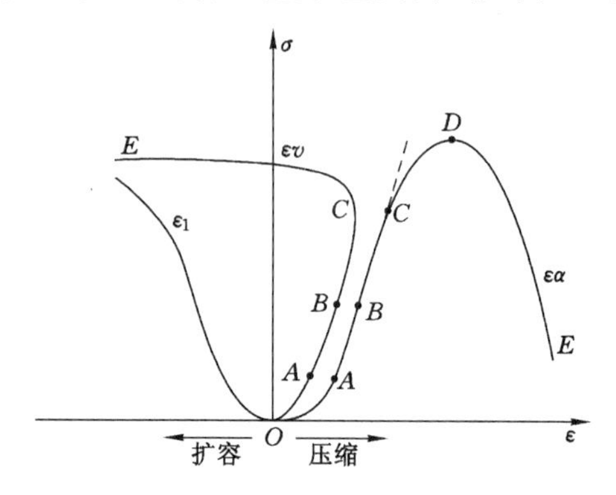

图 5-9　岩石应力-应变全过程曲线

岩石在单轴压力作用下应力-应变曲线可划分为 5 个阶段：

① OA 段为原始空隙压密阶段。曲线呈上凹形，此段变形模量较小且为变量，试件在该阶段内原有张开性结构面或微裂隙逐渐闭合，岩体试件被压实，形成早期的非线性变形。

② AB 段为弹性阶段。应力-应变曲线近似呈直线，变形随着应力的增加呈线性增长趋势，变形在应力消失后可以恢复。σ_B 点的值为弹性极限。

③ BC 段为弹塑性过渡阶段。在该阶段内，变形主要是塑性变形，应力曲线从 C 点开始偏离直线，岩体试件内开始出现新的微小破裂，随着应力增加而逐渐发展，且体积由压实转向膨胀。当附加载荷保持不变时，微小破裂也逐渐停止发展。σ_C 点的值为屈服极限。

④ CD 段为积累性破裂阶段。应力曲线开始向右上方延伸发展，由于在岩体试件破坏过程中造成集中应力的作用下，岩体的破裂仍将继续，且破裂速度加快，体积膨胀加速，变形迅速增长，岩体试件到 D 点开始破坏。σ_D 点相应的值为岩体的强度极限。

⑤ DE 段为破坏后阶段。这段峰后曲线说明岩体试件在达到强度极限后，虽然此时的岩体试件还能保持外部的整体形状，但其内部结构完全破坏，岩体试件还要经历一个过程才能达到完全破坏状态。此时岩体的变形主要表现为破裂岩块沿宏观断裂面滑移，但岩体试件仍有一定承载能力。σ_E 点对应的值为残余强度。

5.3.2 试件抗压强度的测试方法

试件在单轴载荷且无围压作用下所承受的最大压应力称为岩体的单轴抗压强度。实验采用YYW型手动无侧限压力仪对不同配比的各组试件进行单轴抗压实验，如图5-10所示。YYW型手动无侧限压力仪测试原理是通过应力环受力变形，测定试件的无侧限抗压强度。

图5-10 YYW型手动石灰土无侧限压力仪

实验方法：首先将试件置于承载板中心，转动手柄使承载板上升，试件与应力环底部密合，手柄摇动速度一般为15次/min左右。一面摇动手柄，此时压力不断增加，一面注视百分表读数，直至试件破坏，记下试件破坏时的百分表的最大读数，如图5-11所示。绘制应力-应变图，找出试件抗压强度的峰值。

通过利用YYW型手动无侧限压力仪实验中试件破坏的裂隙状态对其中一组M25配比的试件进行抗压强度测试，实验得到的应力-应变曲线如图5-12所示。测试结果表明，M25的力学参数与实际的岩石基本类似。

从图5-13可以看出，试件破坏后滑落的碎块其形状保持不变，没有粉碎，说明该模拟实验材料的确能模拟岩石的力学性质，能够实现模拟气体沿裂隙渗流时断裂岩体形状保持不变的要求，这对固气两相耦合模拟实验非常重要，也就说

图 5-11　实验中试件破坏的裂隙状态

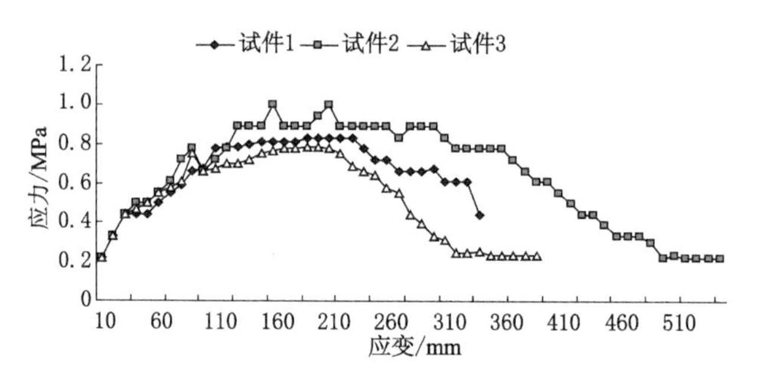

图 5-12　M25 试件的应力-应变曲线

明了所选择的模拟实验材料满足固气耦合实验条件。

5.3.3　实验材料对试件抗压强度的影响

试件选用河沙、石蜡和油作为固气耦合相似模拟实验的骨料和胶凝剂，通过分析各组实验材料试件测得的实验数据，可以得出其抗压强度随配比不同而变化的规律。

从图 5-14、图 5-15 可以看出，试件的抗压强度值随着石蜡与沙子质量比值

图 5-13　部分试件破坏后的状态

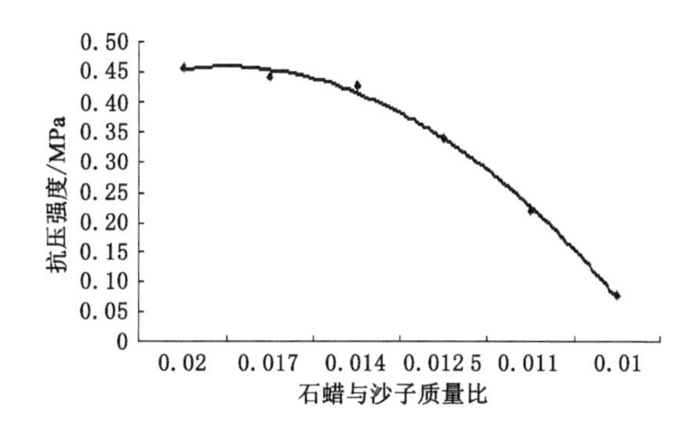

图 5-14　含油 0 mL 试件抗压强度与配比的关系

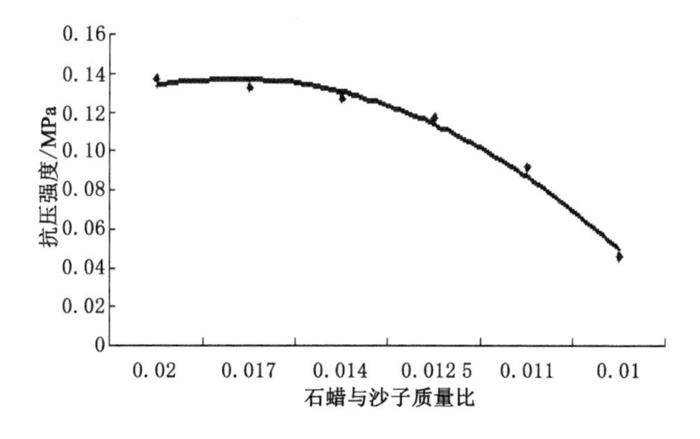

图 5-15　含油 20 mL 试件抗压强度与配比的关系

的减少呈现下降趋势。当试件中含油量为 0 mL 时,试件抗压强度在石蜡与沙子质量比值处于 0.02～0.014 范围内平缓下降,平均下降率为 3.39%;在 0.014～0.01 范围内则呈急速下降趋势,平均下降率为 40.4%;当试件中含油量为 20 mL 时,试件抗压强度在石蜡与沙子质量比值处于 0.02～0.012 5 范围内下降平缓,平均下降率为 5.2%;在 0.012 5～0.01 范围内才出现急速下降,平均下降率为 36.8%。通过对比图 5-14 和图 5-15 可以看出,由于在相似实验材料中加入油量的不同,试件抗压强度在石蜡与沙子质量比值的某个范围内下降的速度有所不同,随着含油量的不断增加,石蜡与沙子质量比值对试件抗压强度的影响缓慢下降的范围不断扩大,从而消除了单纯改变石蜡和沙子质量比值导致相似实验材料试件抗压强度变化较大的不足,使试件抗压强度的可控范围有所变宽,可以更广泛应用于模拟岩石的力学性质。

对部分不同含油量试件的测试结果进行了整理,其抗压强度随相似实验材料配比的变化趋势曲线如图 5-16 所示。

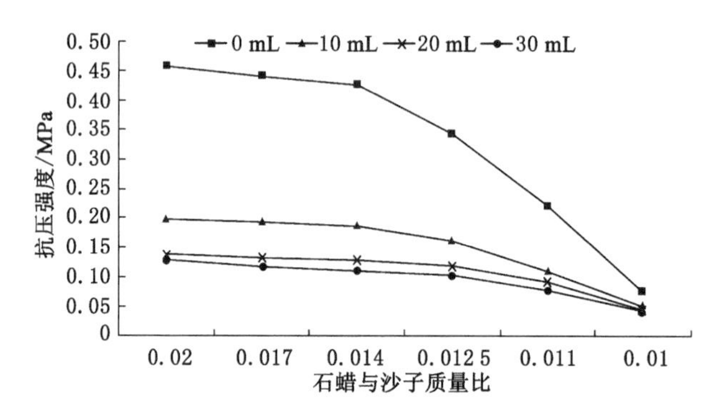

图 5-16　不同含油量试件的抗压强度曲线

当石蜡与沙子的质量比值固定时,测得试件抗压强度值随含油量的变化曲线如图 5-17、图 5-18 所示。

从图 5-17、图 5-18 可以看出,试件不含油时的抗压强度值是加入 10 mL 油后的 1.5～2.3 倍,在分别加入 20 mL、30 mL 油后,其抗压强度仅比加入 10 mL 油时降低了 10%～20%、20%～35%。由此可以看出,单纯使用石蜡和沙子制作的试件其抗压强度值要比加入油后制作的试件的抗压强度大,试件的抗压强度随着含油量的不断增加而降低,而对于已经含油的试件抗压强度而言,调整油量对试件的抗压强度影响不大,只是扩大了抗压强度值缓慢下降的范围。当某个配比试件满足抗压强度要求,渗透率不能满足实验要求时,可通过加入一定量的油,让试件的渗透率快速下降,而抗压强度只是缓慢下降,从而得到符合实验要求的相似实验材料的配比,为固气耦合相似模拟实验奠定基础。

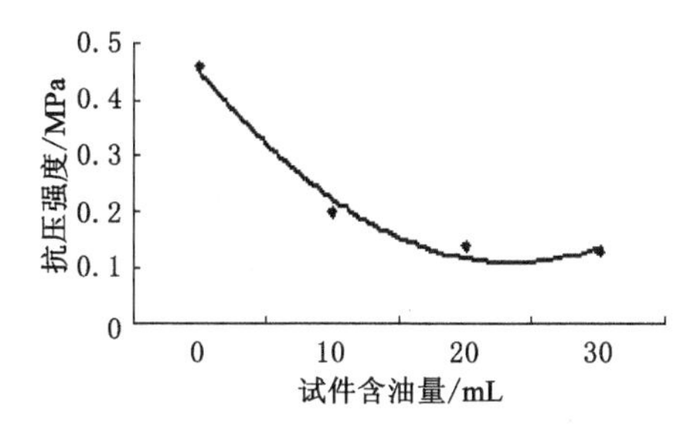

图 5-17 石蜡与沙子比为 0.02 时抗压强度曲线

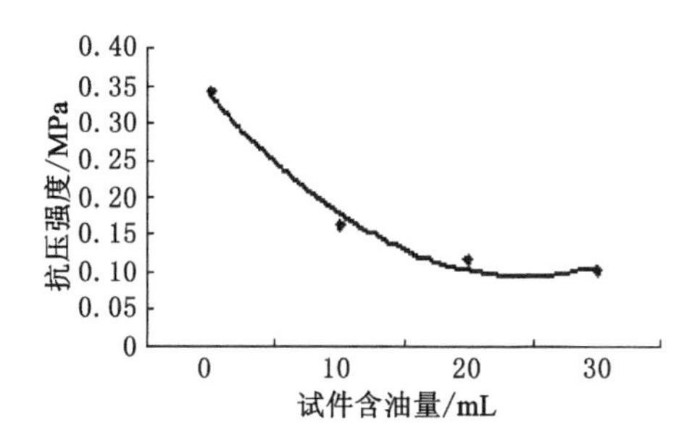

图 5-18 石蜡与沙子比为 0.012 5 时抗压强度曲线

对部分石蜡与沙子质量比值不同的试件测试结果进行了整理，其抗压强度随相似实验材料配比的变化趋势曲线如图 5-19 所示。

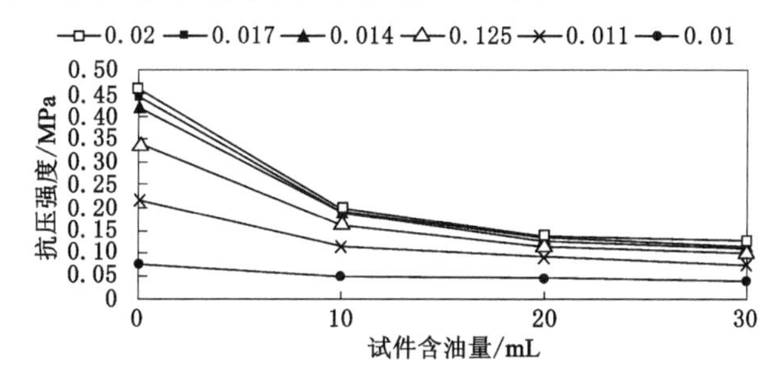

图 5-19 石蜡与沙子不同质量比试件的抗压强度曲线

5.4 试件物理参数测试结果分析

利用自主研发的相似实验材料渗透率测试设备和 YYW 型手动无侧限压力仪对不同配比的试件进行渗透率和抗压强度测试，部分试件测试结果见表 5-3。

表 5-3　部分试件测试数据(5 kPa)

试件配比号	试件单轴抗压强度/MPa	试件渗流速度/(mL/s)	试件渗透率/cm²	试件配比号	试件单轴抗压强度/MPa	试件渗流速度/(mL/s)	试件渗透率/cm²
M01	0.458	19.74	3.55×10^{-8}	M13	0.341	12.93	2.33×10^{-8}
M02	0.199	20.01	3.60×10^{-8}	M14	0.163	17.45	3.14×10^{-8}
M03	0.138	20.11	3.62×10^{-8}	M15	0.117	17.20	3.09×10^{-8}
M04	0.127	11.15	2.01×10^{-8}	M16	0.102	16.24	2.92×10^{-8}
M05	0.443	16.31	2.93×10^{-8}	M17	0.219	11.86	2.13×10^{-8}
M06	0.194	17.55	3.16×10^{-8}	M18	0.112	16.49	2.97×10^{-8}
M07	0.132	20.28	3.65×10^{-8}	M19	0.092	14.80	2.66×10^{-8}
M08	0.117	5.89	1.06×10^{-8}	M20	0.076	10.72	1.93×10^{-8}
M09	0.428	15.72	2.83×10^{-8}	M21	0.076	10.80	1.94×10^{-8}
M10	0.188	18.76	3.37×10^{-8}	M22	0.051	13.52	2.43×10^{-8}
M11	0.127	19.36	3.48×10^{-8}	M23	0.046	14.60	2.63×10^{-8}
M12	0.112	18.41	3.31×10^{-8}	M24	0.041	11.18	2.01×10^{-8}

通过实验测试结果可以看出，不同配比的试件具有不同的抗压强度和渗透率，可以模拟出大量实际岩层的性质。如天池煤矿 401 工作面砂岩岩层组中以细砂岩、粉砂岩、中砂岩为主，局部为泥岩，中砂岩为 15# 煤层基本顶，岩体中等完整，稳定性较好。实测中砂岩抗压强度为 65.1 MPa，渗透系数一般为0.12～12.65 mm/h，由第 2 章推导的固气耦合相似条件可计算出相似渗透系数。当实验设计几何比例为 1∶200 时，其几何相似常数 $\Theta_l=200$，相似实验材料的容重相似常数 $\Theta_f=1.5$、强度相似常数 $\Theta_E=300$，渗透系数相似常数 $\Theta_k=9.4$，从而计算得到模拟模型中中砂岩的抗压强度为 0.217 MPa，渗透系数为 0.013～1.34 mm/h。对照表 5-3 所列的测试数据，试件 M17 的抗压强度为0.219 MPa，渗透系数为 0.742 mm/h，与模型参数相近，因此，可利用试件 M17 模拟中砂岩岩层。

因此，在相似模拟实验中，相似实验材料的渗透性和岩石是相似的，进一步确定出山西天池煤矿 401 工作面覆岩力学参数相似的模型实验材料配比。根据实验原型的地质条件中各岩层的力学参数，可选取数值相近的配比相似实验材料进行模型铺设，这样铺设出的模型在实验过程中能更好地模拟实际岩层的物理性质。

5.5 本章小结

(1) 根据固气耦合模拟实验要求，选用石蜡作为相似实验材料的胶凝剂。石蜡加热变成液态，与沙子充分混合后，短时间内石蜡的温度降低，又变成固态，填充了沙粒之间的空隙，制作的模型具有良好密封效果；实验材料在常温下呈固态，性能稳定，且石蜡质量在实验过程中的损失较小，满足固气耦合模拟实验模型的基本要求。

(2) 通过相似实验材料渗透率测试设备对制作的试件进行渗透率测试。测试结果表明，当试件的含油量不变时，渗流速度随着石蜡的增加逐渐降低；当石蜡与沙子质量比不变时，随着含油量的增加，渗流速度先升高再逐渐降低。相似实验材料渗透率的变化规律与岩石的渗透率变化规律是相似的。

(3) 对不同配比试件的单轴抗压强度测试表明，当含油量不变时，随着石蜡与沙子质量比值的减小，抗压强度呈现下降趋势；随着试件中含油量的不断增加，石蜡与沙子质量比值对试件抗压强度值的影响缓慢下降的范围在不断扩大，消除了单纯改变石蜡和沙子质量比导致相似实验材料抗压强度变化较大的不足。

(4) 相似实验材料中胶凝剂含量越多，试件的渗流速度越小，以石膏、大白粉作为胶凝剂制作的试件，渗流速度总体比以石蜡、油作为胶凝剂制作的试件的渗流速度要大。

(5) 相似实验材料的力学参数与原型相似，满足固气耦合相似模拟实验的要求，可根据实验原型的地质条件和各岩层物理力学参数，选取数值相近的相似实验材料配比进行模型铺设，为固气耦合相似模拟实验奠定了基础。

6　主关键层层位对裂隙演化及渗流规律影响的实验分析

6.1　小型固气耦合模拟实验台构建

6.1.1　固气耦合模拟实验平台

小型固气耦合模拟实验平台包括模型箱体、测试系统和充气系统，是在第三章固气耦合相似模拟实验台的基础上进行了改进，通过在模型箱体内铺设压力传感器，测量煤层底板应力的变化情况，从而能更好地了解煤岩体应力对卸压瓦斯渗流速度的影响。小型固气耦合相似模拟实验箱体如图 6-1 所示。

图 6-1　小型固气耦合相似模拟实验平台

模型实验台框架采用槽钢焊接制作，设计尺寸为 700 mm×500 mm×100 mm，模型架的两个侧面和顶部分别装有 12 mm 厚的有机玻璃板，可进行岩层位移和裂隙发育的观测，有机玻璃板均可拆卸。底部设计一个高为 300 mm 的底座支撑模型箱体，采用 8 mm 厚的钢板制作。在模型两侧面的有机玻璃板上分别打有直径为 10 mm 的气孔，作为本次实验采集数据的进气孔压力和出气孔，孔口对称布置在两块有机玻璃板的同一位置。每一块板有 15 个孔，分 3 行布置，每行 5 个，具体位置如表 6-1 所列。

表 6-1 气孔布置位置

排号	孔数/个	孔间距/cm	第 1 孔距切眼的距离/cm	距 15# 煤层顶板的距离/cm
1	5	10	10	15
2	5	10	10	25
3	5	10	10	35

在铺设模型时，前端的有机玻璃板不拆，作为前端可视的挡体，观察模型材料铺设时的平整度；利用槽钢作为后端挡体，以保证模型在铺设过程中不发生膨胀变形，待模型制作完成，晾晒一段时间后，拆掉箱体后面的槽钢，安装有机玻璃板，最后再安装顶部的有机玻璃板，密封整个模型箱体。有机玻璃板和模型框架之间均采用密封垫通过螺栓加不锈钢垫板紧固增加模型的气密性，效果良好。

实验采用的充气系统与原模拟实验台一致。以空气压缩机作为动力气源，将具有一定压力的压缩空气充入储气罐内，储气罐作为平衡气体压力装置，通过调节平衡阀使充气罐压力达到初设值后，再穿过模型，所有的充气管路均采用高压橡胶管子。由于模型箱体较小，铺设的模型比例较大，岩层厚度较薄，因此进气孔采用在橡胶塞中插入直径为 5 mm 的玻璃管作为与模型的接口，玻璃管和充气管路之间用橡胶管连接，如图 6-2 所示。整个充气系统的所有接头、接口处

图 6-2 玻璃管和充气管路连接方式

均有橡胶圈、生胶带、胶体密封。

6.1.2 应力及渗透率测试系统

本次实验的煤层底板应力数据通过小型压力传感器采集，研究底板应力的分布规律。传感器尺寸为 100 mm×10 mm×10 mm 的长方体，量程为 0～10 kg，数据线从传感器的底板中部引出，如图 6-3 所示。

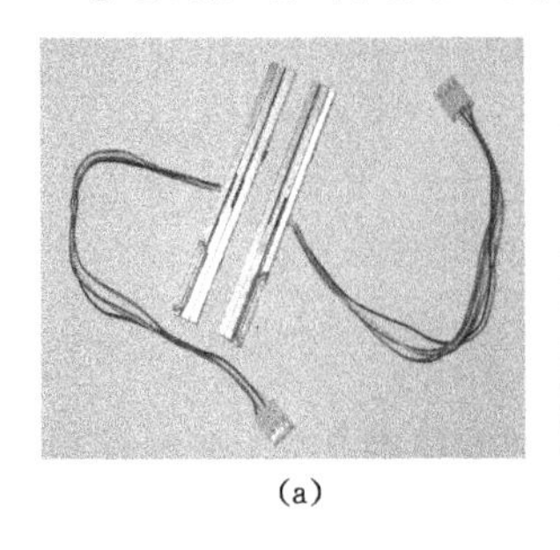
(a)

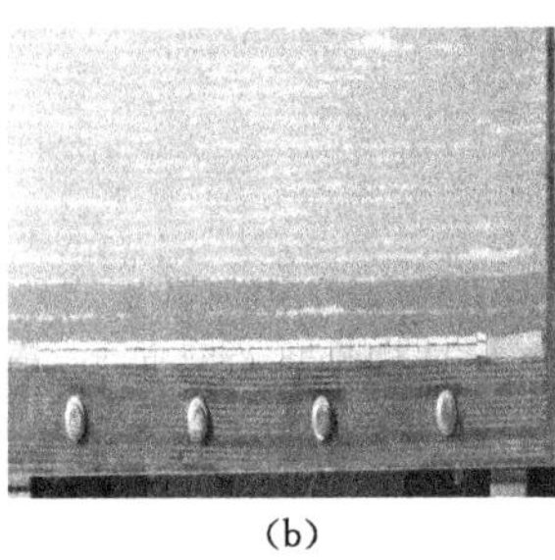
(b)

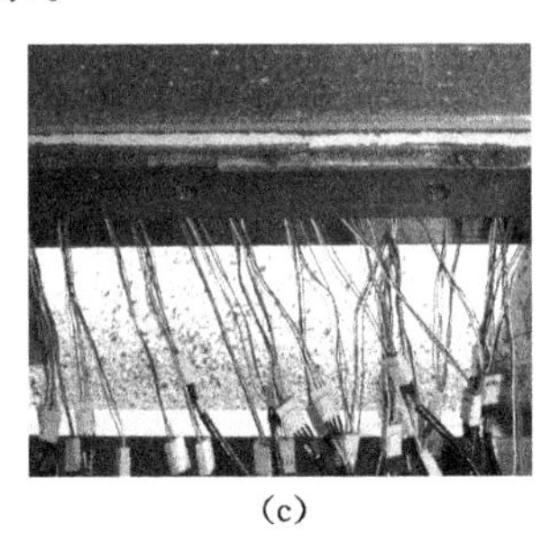
(c)

图 6-3 小型传感器布置示意图

(a) 自制小型压力传感器图；(b) 煤层传感器布置图；(c) 传感器连接图

铺设模型时，将传感器布置在模拟煤层底板中，通过 108 路压力计算数据采集系统直接与电脑连接进行适时压力数据采集。数据采集系统界面如图 6-4 所示。

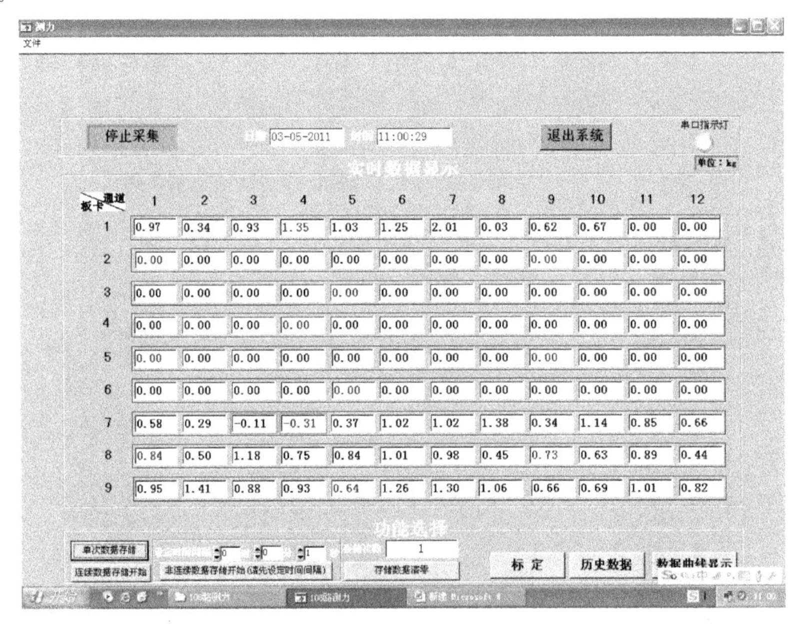

图 6-4 数据采集系统界面

小型固气耦合实验台渗透率测试设备与原实验台测试设备一致，包括空气压缩机、皂泡流量计、高压橡胶管、橡胶软管、压力表等，测定进气孔气体的压力和出气孔的气体流过规定量程的时间。出气孔直接与皂泡流量计相连，皂泡流量计量程为 50 mL，除测试孔以外的其余各孔口采用橡胶塞封闭。为了减小实验读数误差，每个出气孔流量测试 3 组数据，取平均值。小模型渗透率测试系统如图 6-5 所示。各孔与煤层切眼的位置关系如表 6-2 所列。

图 6-5 小模型渗透率测试系统

表 6-2 各孔与煤层的位置关系

排号	进气孔/测点	距煤层切眼水平距离/m	距 15# 煤层顶板的距离/m
第 1 排	1#	0	30
	2#	20	30
	3#	40	30
	4#	60	30
	5#	80	30
第 2 排	1#	0	50
	2#	20	50
	3#	40	50
	4#	60	50
	5#	80	50

表 6-2(续)

排号	进气孔/测点	距煤层切眼水平距离/m	距 15# 煤层顶板的距离/m
第 3 排	1#	0	70
	2#	20	70
	3#	40	70
	4#	60	70
	5#	80	70

6.1.3 实验条件

主关键层的断裂将导致上覆岩层发生整体运动，影响了裂隙场发育的高度和范围，从而影响着岩层渗透率的变化。为研究主关键层的位置对裂隙演化及气体渗流速度的影响，本次实验分别将主关键层布置在距离煤层顶板 30 m 和 50 m 处(主关键层位于 30 m 的模型为模型 1，位于 50 m 的为模型 2)。覆岩的力学参数与第 3 章实验原型参数一致。由于该模型箱体尺寸较小，因此按实验要求选择确定模型几何相似比为 1∶200，则时间相似常数、容重相似常数、应力相似常数与强度相似常数根据相似定理进行计算确定，如表 6-3 所列，岩层物理力学性质如表 6-4 所列。

表 6-3 模型相似常数

沿煤层方向	模型架尺寸/mm×mm×mm	相似常数					
		几何 Θ_L	时间 Θ_t	容重 Θ_f	应力 Θ_σ	强度 Θ_E	渗透系数 Θ_k
走向	700×500×100	200	14	1.5	300	300	9.4

表 6-4 模型煤岩层的物理力学性质

岩性	容重/(kN/m³)	弹性模量/MPa	抗压强度/MPa
泥岩	13.87	66.73	0.068
砂质泥岩	17.60	189.22	0.163
中砂岩	17.73	168.10	0.217
碳质泥岩	10.00	117.45	0.049
细砂岩	17.47	143.40	0.230
粉砂岩	17.33	182.46	0.195
石灰岩	17.67	155.45	0.304
铝质泥岩	8.67	135.00	0.053
煤	9.73	47.14	0.045

根据表 6-4 所列模型岩层的物理力学参数，结合第 5 章相似实验材料测试结果（表 5-3），选择相对应的试件配比进行模型铺设，如铝质泥岩选用试件 M22 的配比，粉砂岩选用试件 M02 的配比等。

6.2 主关键层距煤层顶板 30 m 的物理相似模拟实验

6.2.1 实验现象

煤层开切眼设置在距模型左边界 10 cm 处，作为影响煤柱。煤层每次开采 4 m，实验覆岩垮落现象如图 6-6 所示。

(a)

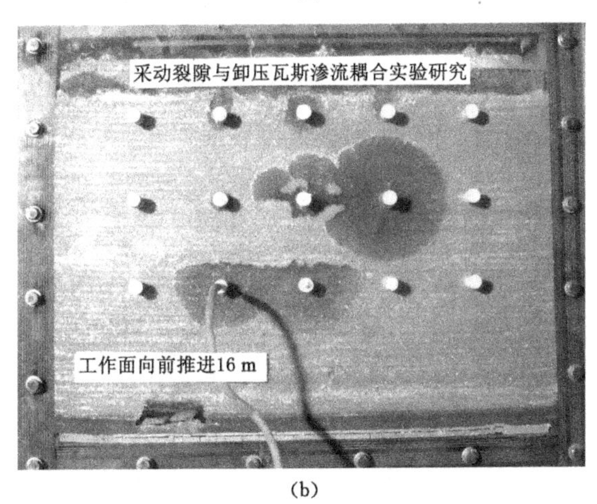

(b)

图 6-6 煤层开采覆岩垮落实验过程（主关键层距煤层顶板 30 m）

(a) 开切眼；(b) 直接顶垮落（工作面推进 16 m）

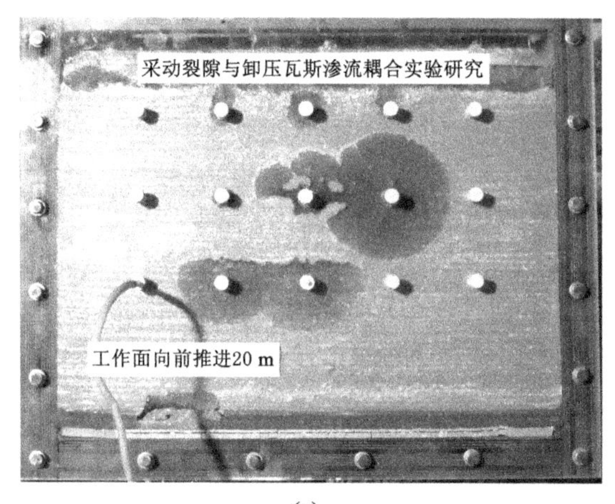

(c)

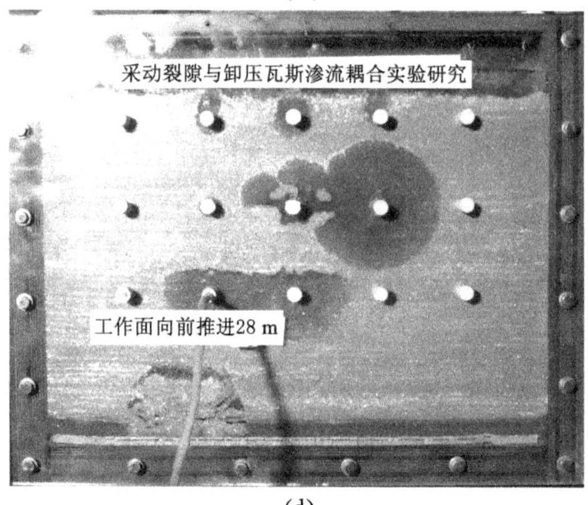

(d)

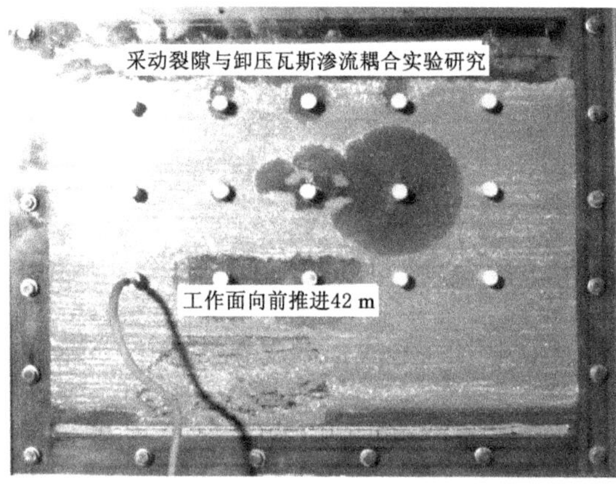

(e)

图 6-6(续)　煤层开采覆岩垮落实验过程(主关键层距煤层顶板 30 m)

(c) 工作面推进 20 m;(d) 初次来压(工作面推进 28 m);(e) 第一次周期来压(工作面推进 42 m)

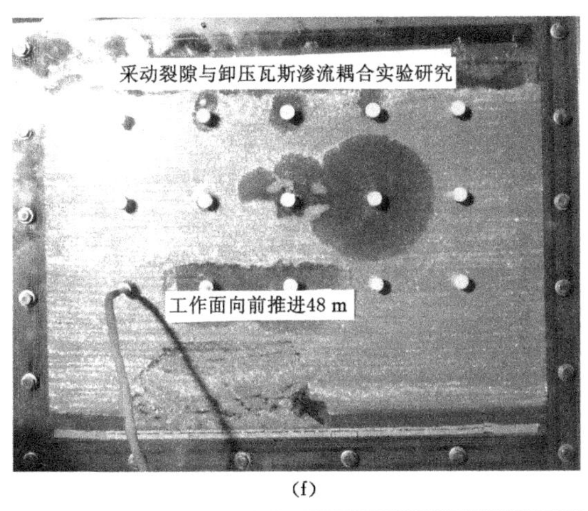

(f)

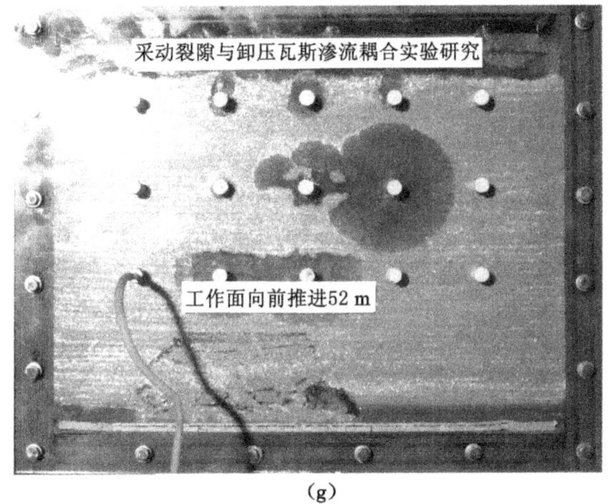

(g)

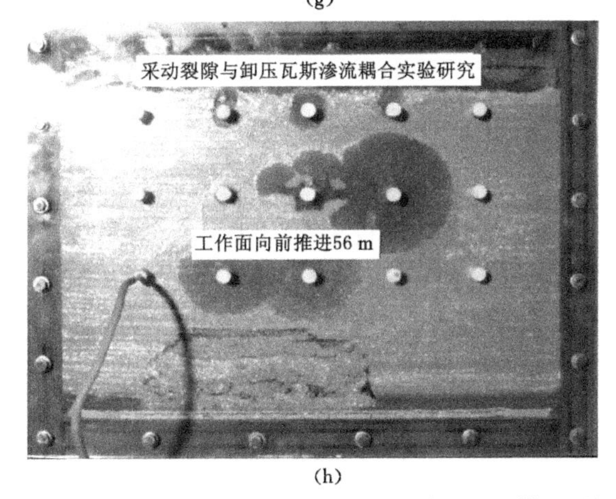

(h)

图 6-6(续) 煤层开采覆岩垮落实验过程(主关键层距煤层顶板 30 m)

(f) 工作面推进 48 m;(g) 工作面推进 52 m;(h) 第二次周期来压(工作面推进 56 m)

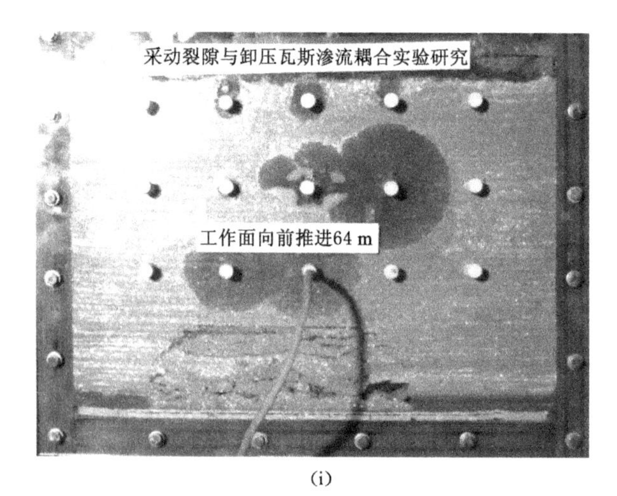

(i)

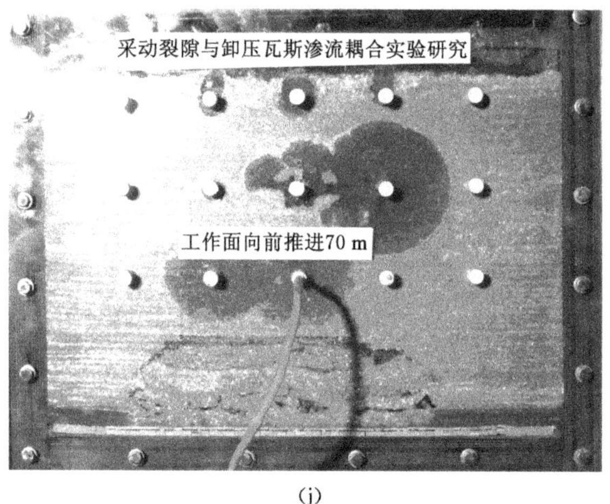

(j)

图 6-6(续) 煤层开采覆岩垮落实验过程(主关键层距煤层顶板 30 m)

(i) 工作面推进 64 m;(j) 第三次周期来压(工作面推进 70 m)

当模型几何相似比为 1∶200,开切眼为 2 cm 时,对应原值为 4 m。

当工作面推进到 12 m 时,顶板岩层出现离层,离层最大高度距煤层顶板 1 m;当工作面推进到 16 m 时,直接顶开始分层垮落,垮落高度为 3.4 m,岩梁长为 13.5 m,第二层岩层最大弯曲下沉 0.4 m,此时离层裂隙发展最大高度距煤层顶板 5 m。随着直接顶的初次垮落,大量的破断裂隙在工作面两端出现,与离层裂隙相互沟通;当工作面推进到 20 m 时,第二层岩层垮落,垮落高度为 4 m,顶板离层继续发展,最大离层裂隙高度距煤层顶板 7.5 m。工作面推进到 24 m 时,采空区顶板明显发生弯曲下沉,最大下沉量为 0.7 m,最大离层高度距煤层顶板 9 m,未垮落岩层中部产生较为明显的破断裂隙。当工作面推进到 28 m

时，基本顶垮落，出现初次来压，垮落高度距煤层顶板 11.6 m，岩梁长度为16 m，空洞高度为 2.8 m，最大离层高度距煤层顶板 18.8 m。

当工作面向前推进到 32 m 时，离层裂隙高度继续增加，达到距煤层顶板 23 m，工作面不断向前推进，离层裂隙继续发展。推进到 42 m 时，发生第 1 次周期来压，来压步距为 14 m，此时覆岩垮落高度距煤层顶板 16 m，离层裂隙最大高度发展到距煤层顶板 26.5 m 处。当工作面推进到 56 m 时，发生第 2 次周期来压，来压步距为 14 m，工作面大范围垮落，垮落高度为 17 m，离层高度发展到距煤层顶板 30 m 处，岩梁长度为 28 m，空洞最大高度为 2.6 m。当工作面推进到 70 m 时，发生第 3 次周期来压，来压步距为 14 m，垮落高度为 19 m，最大裂隙高度距煤层顶板 30 m。

从相似模拟实验过程可以看出，随着工作面的不断推进，离层裂隙不断向上部发展，覆岩发生周期性垮落，平均垮落步距为 14 m。最大离层高度在第 2 次、第 3 次周期来压时已发育到主关键层，位置不再升高，但垮落高度一直在缓慢地增加。工作面后方的裂隙不断地经历着不发育、发育丰富、裂隙压实的过程。

6.2.2 采动裂隙高度变化规律

在实验中对最大离层高度和垮落高度随推进距离的变化进行了监测，如图 6-7 所示。

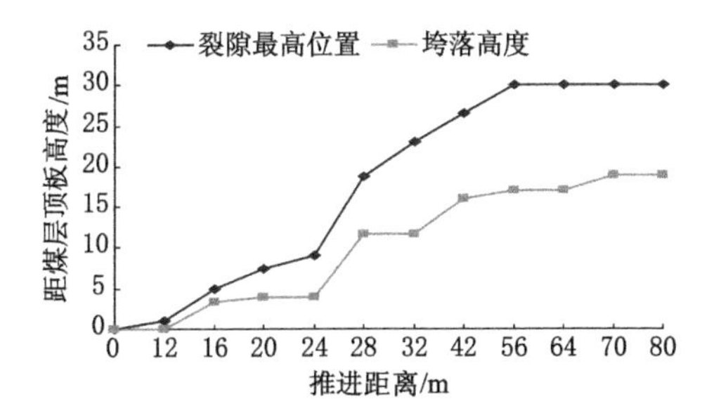

图 6-7 裂隙最高位置、垮落高度与推进距离之间关系

从图 6-7 中可以看出，裂隙高度随着推进距离的增加而不断向上发育，且发育速度较快，但并不是每一工作循环都有覆岩离层裂隙的变化。在工作面从 56 m 推进至 80 m 的过程中，离层裂隙高度发育速度开始平缓，这主要是受主关键层位置的影响。推进到 56 m 时，离层裂隙已发育到距煤层顶板 30 m 的高度，由于主关键层位于 30 m 处，并未发生弯曲下沉现象，在第 3 个周期来压时离层裂隙高度不再增加，随着工作面推进至 80 m 时，由于未发生充分采动，主关键层下方的岩层也只是产生明显的弯曲下沉现象，没有发生垮落，离层裂隙高度还是处于 30 m。因此，在离层裂隙未达到主关键层前，裂隙高度发展较快，覆岩

裂隙发育，但当离层发展到主关键层后，在主关键层发生破断垮落前，离层裂隙位置不再升高。同时，从图 6-7 中还可以看出，垮落高度发展速度较为平缓，特别是从第 2 个周期来压以后更为明显，而且并不是每一个周期来压垮落高度都在升高，在第 2 个周期来压时已垮落至 17 m 处，由于主关键层控制着下方岩层的运动，在第 3 个周期来压时只垮落了 19 m。因此，距离主关键层越近，下方的岩层在推进一定距离内越难垮落。

6.2.3 覆岩应力分布规律

在煤层开采过程中，采空区内的覆岩随着推进距离的不同自下而上发生离层、弯曲下沉、垮落等现象，使得工作面前方一定范围内应力发生变化，破坏了原有的应力平衡状态，相应地在一定范围内的顶板也出现了应力集中区域和卸压区域。在应力集中区域内，各岩层之间的离层裂隙随着应力增加而被逐渐压实；卸压区域内，岩层之间的应力较小，在层间产生具有一定规律的裂隙。以应力集中系数来定量描述在采动过程中覆岩应力的动态变化规律。根据工作面底板测点开采前后应力值和距切眼的距离，可以得到不同推进距离下煤层底板应力分布规律，如图 6-8～图 6-11 所示。

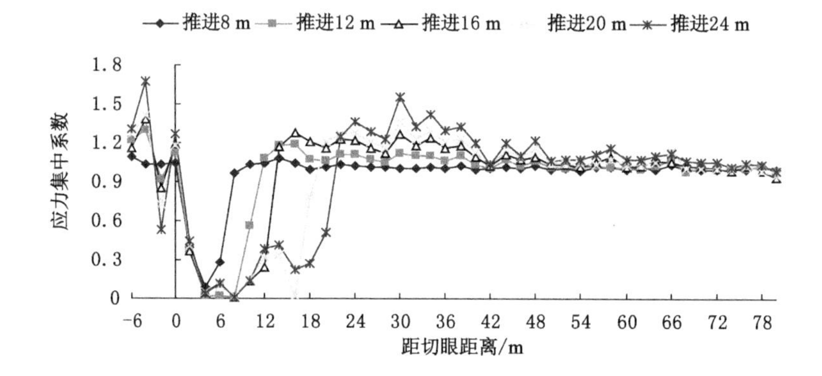

图 6-8　工作面推进 8～24 m 底板应力分布

从图 6-8～图 6-11 可以看出，随着采煤工作面不断推进，在采动影响下煤壁前方形成了不断前移的超前支承压力，其影响范围分为采动影响剧烈区、采动影响区、未受采动影响区。采动影响剧烈区位于工作面至 25 m 范围内，该区域内受采动影响剧烈。在工作面前方 0～6 m 的范围内形成一个应力降低区域，在该区域内煤体破碎、裂隙发育，产生“卸压增流效应”；在工作面前 0～6 m 至 25 m 范围形成明显的应力集中区，该区煤岩体裂隙和孔隙受挤压而收缩、封闭，瓦斯流量减小。采动影响区位于工作面前方 25～45 m 的范围内，该区域支承压力逐渐趋于下降，煤体孔隙、裂隙趋于封闭、收缩，瓦斯流量也有减小趋势。未受采动影响区位于工作面前方 45 m 以外，此区域受采动影响较小，煤体孔隙、

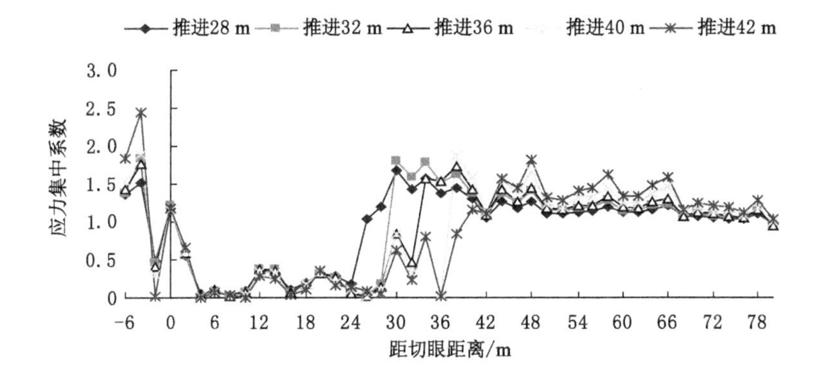

图 6-9　工作面推进 28～42 m 底板应力分布

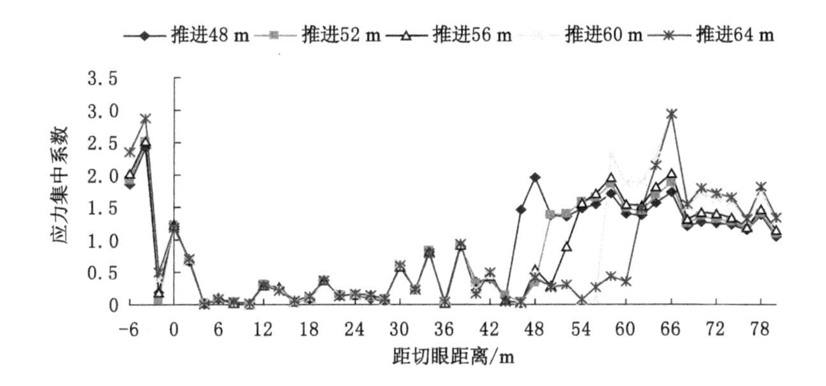

图 6-10　工作面推进 48～64 m 底板应力分布

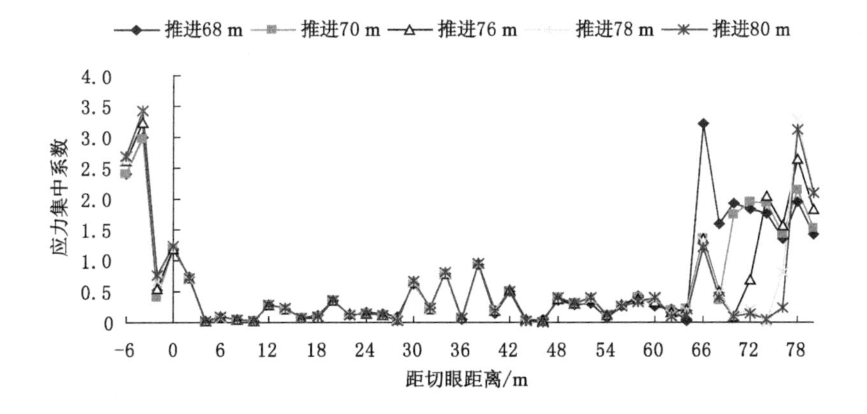

图 6-11　工作面推进 68～80 m 时底板应力分布

裂隙基本不变，钻孔瓦斯涌出量按负指数规律自然衰减。

煤体采出后，顶板处于悬空状态，其上方的垂直应力完全作用在周围的煤体上，造成其整体承载应力迅速升高，形成一个较大的应力峰值，其最大值可达原岩应力的几十倍。工作面开采后，煤壁裸露，处于自由面，抗压强度小，当煤壁附近煤层产生压缩变形后，在工作面煤壁前方形成的支承压力峰值逐渐增加，其抗压强度也逐渐增加。直接顶垮落时最大应力集中系数为 1.35，初次来压时煤壁的最大应力集中系数为 1.85，且支承压力的极值点位置随工作面推进不断前移。切眼附近支承压力峰值的位置变化量较小，但峰值随着工作面的推进也在逐渐增加。

同时，采空区底板上的支承压力明显降低，卸压区域随工作面的推进不断扩大。初次来压前底板支承压力近似为零，当上覆岩层破断垮落后，采空区重新被充填和压实，从而使采空区的支承压力有所回升，但上升速度较为缓慢，这是由于松散的岩石在自身重力等作用下慢慢地被重新压实。从图中可以看出，当工作面推进至 56 m 时，采空区底板的支承压力最大集中系数值为 1.12，推进至70 m 时，发生第 3 次周期来压，覆岩未发生垮落，推进至 80 m 时，采空区底板的支承压力最大集中系数值仍未发生变化，这主要是受主关键层影响，主关键层控制着下方岩层，成组弯曲下沉，岩梁长度不够，未达到岩层破断的屈服极限。

采空区底板上的支承压力分布规律大致可归纳为 3 个区域：① 卸压波动区，大约工作面前方 4 m 到工作面后方 14 m 的范围，此区域内随着工作面的推进以及覆岩的不断垮落，支承压力呈波动变化，由于该区域垮落岩体只受较小支承压力，空隙空间较大，工作面漏风量较大，区域内瓦斯的稀释和运移程度较大；② 卸压增大区，距离工作面后方 22 m 到距离切眼 28 m 的中间区域里的范围，破碎岩体压实程度几乎相当，各处支承压力值比较接近，该区域空隙空间被严重压缩，工作面漏风很难影响到这个区域，瓦斯运移较为困难；③ 卸压缓慢变化区，在切眼后方 3 m 到切眼前方 28 m 的范围内，在煤壁支撑作用下，形成一个支承压力较小的区域，此区域裂隙同样较为发育，但距离工作面较远，漏风影响较小。

6.2.4 覆岩渗透率变化规律

随着工作面不断推进，原始岩层的应力平衡状态被破坏，导致岩层的渗透率发生改变。为了更好地反映工作面不同推进距离对岩层渗透率变化的影响，实验过程中，在工作面推进的整个过程采取分压力等级定孔测试，通过整理实验测试数据，分析进气压力在 0.5 MPa 下岩层中气体的渗流速度，得到 1# ～3# 孔的气体渗流速度在不同工作面推进距离下的变化曲线，如图 6-12～图 6-14 所示。

1# 孔位于煤层切眼正上方，距煤层顶板 30 m。从图 6-12 可以看出，1# 孔岩

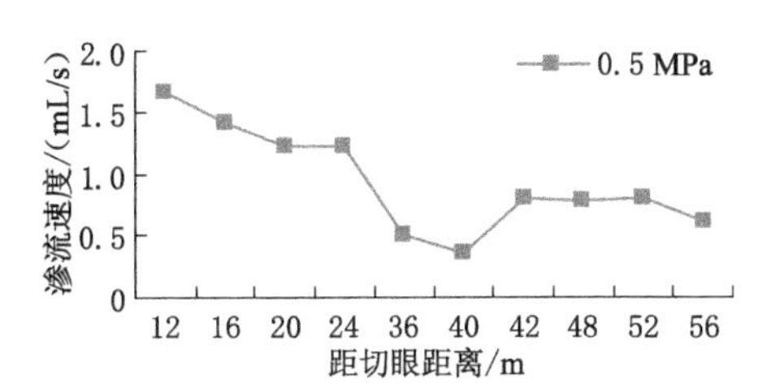

图 6-12 1# 孔气体渗流速度变化曲线

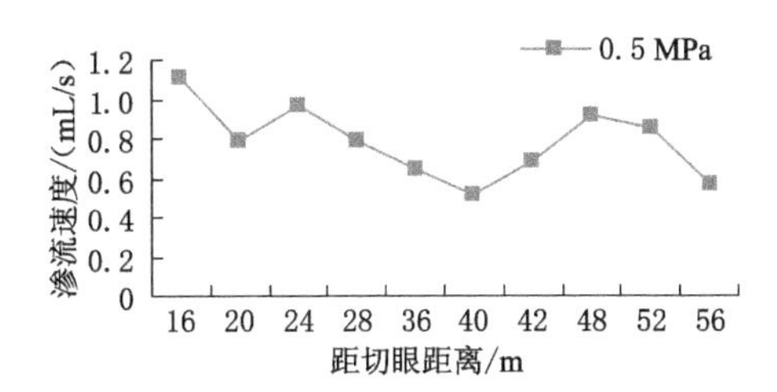

图 6-13 2# 孔气体渗流速度变化曲线

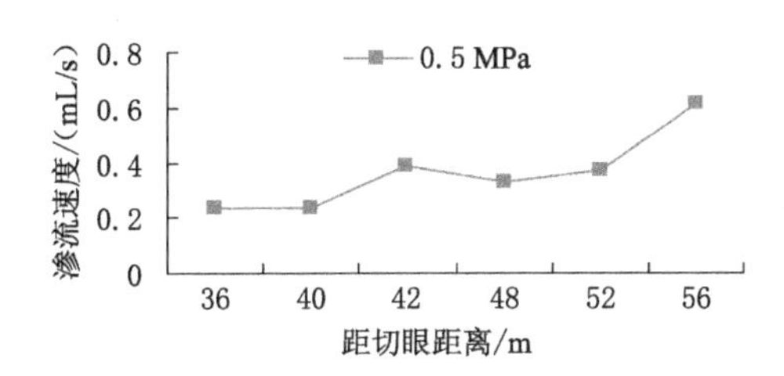

图 6-14 3# 孔气体渗流速度变化曲线

层的渗流速度呈一个增大、降低、再增大、再降低、然后逐渐平稳的过程。在煤层切眼形成后，受采动影响，上覆岩层卸压，渗流速度增加。随着工作面推进，切眼附近的岩层逐渐被压实，渗流速度开始下降，在工作面推进至 28 m 时，基本顶初次来压，上覆岩层发生垮落，对切眼附近的岩层产生影响，应力降低，裂隙有了一定的发育，渗流速度升高，但变化幅度不大。在工作面推进至 38 m 过程中，由于切眼上方的岩层逐渐被压实，渗流速度降至最低点，但总体比原始的渗流速度要大。当工作面推进至 42 m 时，基本顶发生第 1 次周期来压，对切眼上方的覆岩产生影响，渗流速度再次升高，随着工作面不断向前推进，基本顶周期垮落，但是由于距切眼的距离越来越远，对 1# 孔处的岩层影响较小，因此，1# 孔的渗流速度趋于平缓。

2# 孔距切眼水平距离为 20 m。从图 6-13 可以看出，在工作面推进到距切眼 20 m 范围内，2# 孔一直处于未开采煤层上方，当工作面推进至距离切眼16～20 m 范围时，2# 孔处于应力集中区内，附近的岩层应力逐渐升高，渗流速度逐渐降低。当工作面推进 20 m 后，2# 孔处的覆岩开始卸压，岩层应力降低，渗流速度开始增加。在工作面从 24 m 推进到 40 m 的过程中，2# 孔位于采空区上方，由于形成的岩梁能承载上覆岩层所施加的力，岩层处于逐步被压实区域，使得 2# 孔处的岩层不断被压实，渗流速度不断地下降。当工作面推进到 42 m 时，顶板发生第 1 次周期来压，上覆岩层的应力分布发生变化，离层裂隙进一步发育，高度升高，使得 2# 孔处的渗流速度有所升高。随着工作面的推进，裂隙不断向上发育，2# 处的渗流速度逐渐升高，当采空区岩梁达到一定距离后，上覆岩层开始弯曲下沉，裂隙逐渐被压实，2# 孔的渗流速度再一次下降。

3# 孔距切眼水平距离为 40 m。从图 6-14 可以看出，在工作面推进 40 m 后，3# 孔的渗流速度随着工作面的推进不断升高，且在 42 m、56 m 周期来压处渗流速度发生突变。

从上述三幅图中可以发现，在工作面前方 0～6 m 和距切眼 0～22 m 的范围内，覆岩裂隙发育，形成了卸压充分高透高流带和卸压增透增流带，渗流速度较大。在距切眼 22 m 至工作面后方 12 m 范围内，由于上覆岩层裂隙收缩、闭合，整个过程中产生了地压恢复减透减流带，渗流速度逐渐下降，且随着工作面的推进，“三带”也在不断前移，地压恢复减透减流带的范围逐渐扩大。如当工作面推进到距切眼 52～56 m 范围内，顶板发生第二次周期来压，对上覆岩层再一次扰动，对于 1# 孔和 2# 孔而言，已不如顶板压实作用影响显著，地压恢复减透减流带已经覆盖了 1# 孔和 2# 孔的范围，而对 3# 孔而言，其正处于来压显著影响范围内，即位于卸压增透增流带中，其覆岩渗透率显著改变，渗流速度增大。

在 0.4 MPa 和 0.6 MPa 下 1# ～3# 孔的渗流速度随工作面推进距的变化曲线如图 6-15、图 6-16 所示，仍然符合上述变化规律。

从图 6-15 和图 6-16 可以看出，压力对渗流速度的变化具有相同的影响效果。

综上所述，在煤层开采过程中，上覆岩层受到采动影响的过程可分为两个区域，即应力集中区域和卸压区域。随着工作面的不断推进，应力集中区域不断前移，卸压区域范围不断扩大，上覆岩层经历了从产生裂隙到裂隙重新被压缩、闭合的过程。在上覆岩层的渗透率测试过程中也出现了由增大到减小的过程，沿采空区横向产生了“三带”，即卸压增透增流带、卸压充分高透高流带和地压恢复减透减流带，使渗流速度也同样形成了先升高后降低、再升高再降低、最终逐渐平稳的过程。

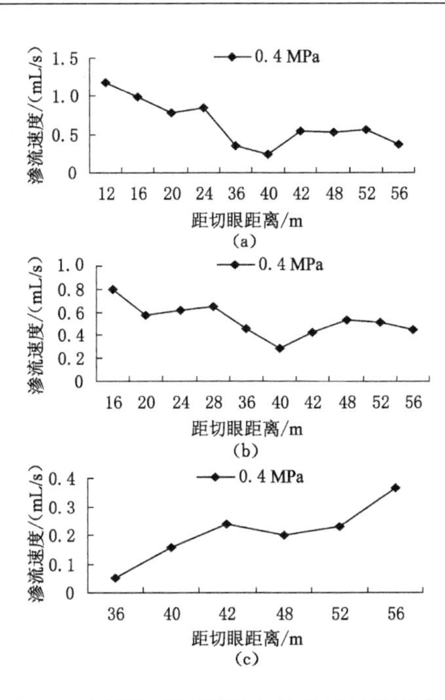

图 6-15 0.4 MPa 各测试孔气体渗流速度变化曲线

(a) 1# 孔;(b) 2# 孔;(c) 3# 孔

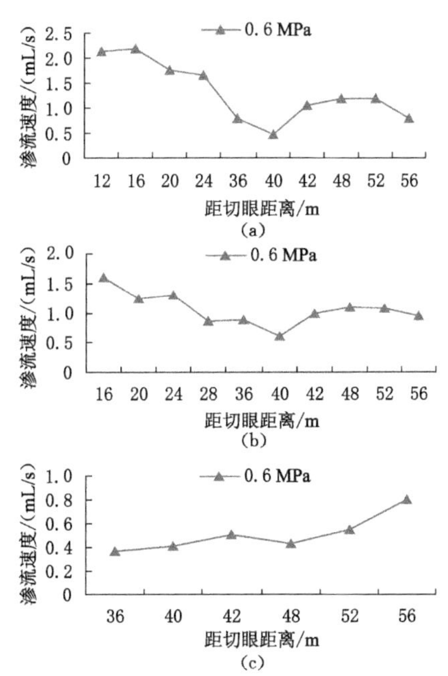

图 6-16 0.6 MPa 各测试孔气体渗流速度变化曲线

(a) 1# 孔;(b) 2# 孔;(c) 3# 孔

6.3 主关键层距煤层顶板 50 m 的物理相似模拟实验

6.3.1 实验现象

煤层开切眼设置在距模型左边界 10 cm 处，作为影响煤柱。煤层每次开采 4 m，覆岩垮落现象如图 6-17 所示。

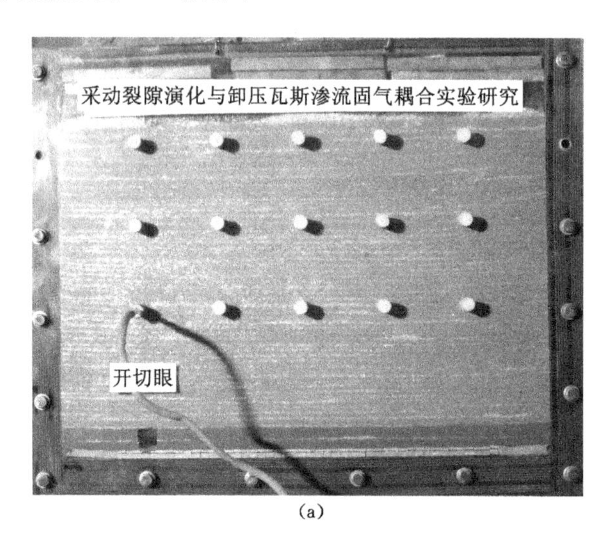

(a)

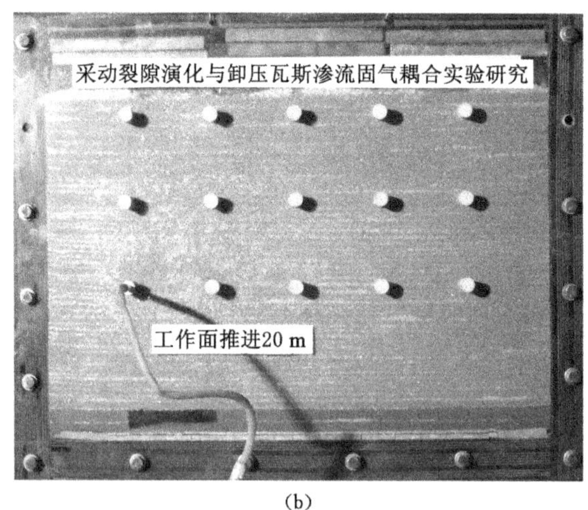

(b)

图 6-17 煤层开采覆岩垮落实验过程(主关键层距煤层顶板 50 m)

(a) 开切眼;(b) 工作面推进 20 m

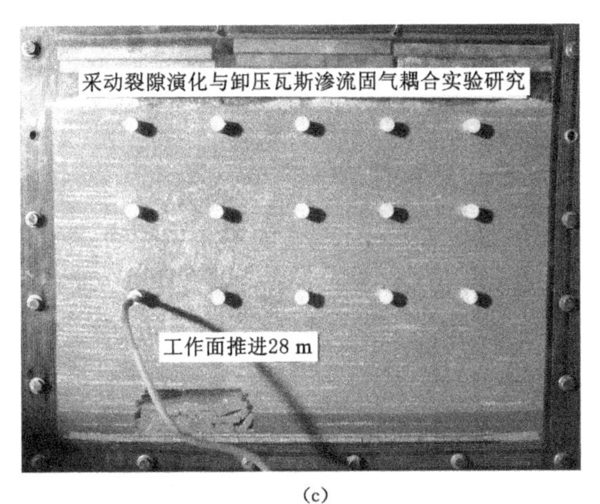

(c)

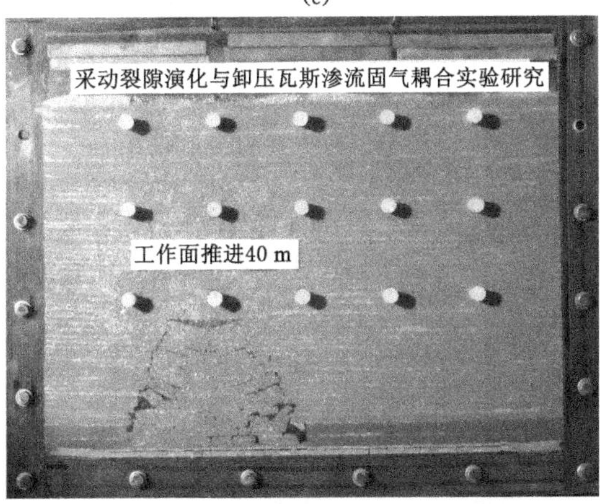

(d)

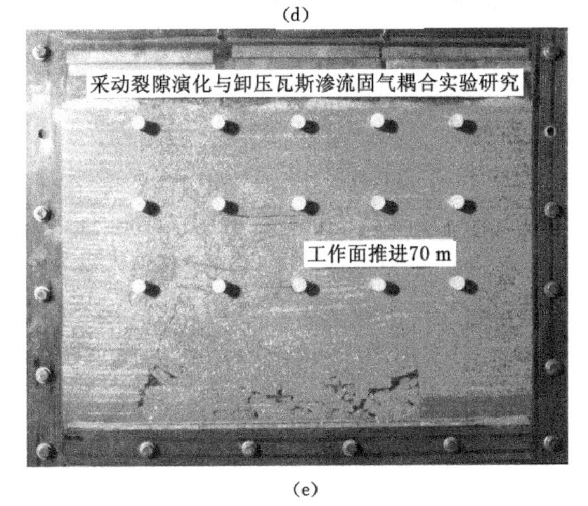

(e)

图 6-17(续)　煤层开采覆岩垮落实验过程(主关键层距煤层顶板 50 m)

(c) 工作面推进 28 m;(d) 工作面推进 40 m;(e) 工作面推进 70 m

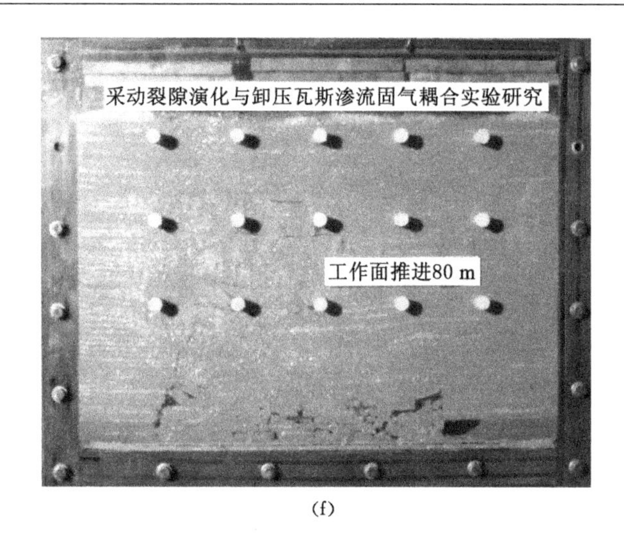

(f)

图 6-17(续) 煤层开采覆岩垮落实验过程(主关键层距煤层顶板 50 m)
(f) 工作面推进 80 m

当工作面推进到 16 m 时,顶板岩层出现离层,离层裂隙最大高度距煤层顶板 4 m,当工作面推进到 20 m 时,直接顶发生弯曲,最大弯曲下沉 0.4 m,离层裂隙最大高度距煤层顶板 9.6 m。当工作面推进至 22 m 时,直接顶垮落,垮落高度为 2 m,岩梁长度为 21.6 m,离层裂隙发展最大高度距煤层顶板 12 m,最大离层裂隙高度为 0.1 m,距煤层顶板 2 m。随着直接顶的初次垮落,岩层两端出现大量破断裂隙,与离层裂隙相互沟通。当工作面推进到 26 m 时,顶板明显发生弯曲下沉,离层裂隙最大高度距煤层顶板 14 m,未垮落的岩层两侧破断裂隙明显。当工作面推进到 30 m 时,基本顶垮落,初次来压,垮落高度距煤层顶板 6 m,岩梁长度为 15.4 m,空洞高度为 3.8 m,离层裂隙最大高度距煤层顶板 17.6 m。

当工作面向前推进到 36 m 时,离层裂隙高度增加趋势明显,达到 20.8 m,顶板弯曲下沉 0.4 m,空洞高度下降。当推进到 40 m 时,发生第 1 次周期来压,来压步距为 10 m,此时覆岩垮落高度距煤层顶板 20.6 m,离层裂隙最高发展到距煤层顶板 26 m 处,岩梁长度为 16.8 m,空洞高度为 2.5 m。当工作面推进到 55 m 时,第 2 次周期来压,来压步距为 15 m,顶板大范围垮落,垮落高度为 32 m,离层高度发展到距煤层顶板 38.2 m,岩梁长度为 24.2 m,空洞最大高度为 2 m。

当工作面推进到 68 m 时,顶板弯曲下沉,最大下沉量为 0.8 m,空洞高度降低,裂隙向上发育缓慢,为 42 m,最大裂隙高度为 0.8 m。当工作面推进到 70 m 时,第 3 次周期来压,来压步距为 15 m,垮落高度为 46 m,空洞高度为 1.2 m,裂隙已发育至主关键层下方,最大裂隙高度距煤层顶板 48.6 m,由于空洞高度较低，垮落的岩层排列较为整齐，主关键层发生弯曲，但不明显。随着工作面的推进，裂隙缓慢升高，当工作面推进至 80 m 时，主关键层弯曲明显，层内出现裂隙，高度发育至 52 m，岩层两端出现破断裂隙，当工作面推进至 82 m 时，第 4 次周期来压，主关键层垮落。

从相似模拟实验过程可以看出，随着工作面不断推进，离层裂隙不断向上发展，顶板岩层发生周期性垮落，平均垮落步距为 13 m，当裂隙发育到主关键层附近时，发育速度缓慢，待主关键层断裂后，裂隙再一次较快发育。

6.3.2 采动裂隙高度变化规律

在实验过程中对最大离层裂隙高度和垮落高度进行了观测，得到裂隙高度与工作面推进距的变化曲线，如图 6-18 所示。从图 6-18 可以看出，裂隙高度随着推进距离的增加而不断向上发育，且发育速度较快，垮落高度在顶板发生剧烈运动后开始增加，且每次增加的幅度较大。

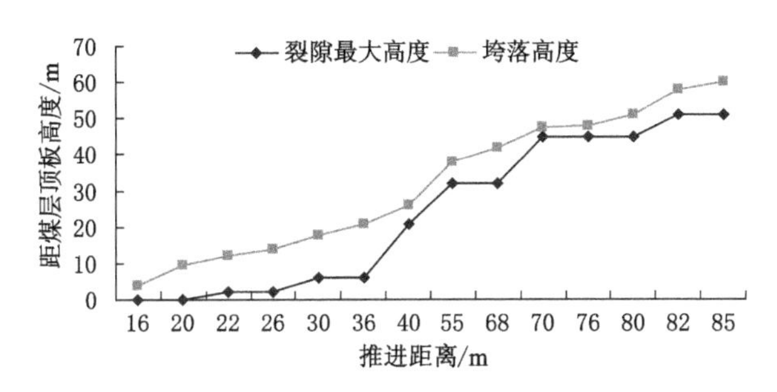

图 6-18 裂隙最高位置、垮落高度与推进距离之间的关系

在工作面从 70 m 到 80 m 的推进过程中，裂隙高度发育平缓，主要是受主关键层位置的影响。当推进到 70 m 时，顶板已垮落至主关键层附近，与垮落岩层之间的距离仅为 1.2 m，离层裂隙发育至 48.6 m 的高度，此时主关键层发生弯曲现象，但不明显。在工作面推进过程中，裂隙高度受主关键层影响不再升高，当推进至 80 m 时，主关键层发生明显弯曲，层内出现裂隙，离层裂隙高度增加较大，岩层两端出现较为明显的破断裂隙，当工作面推进至 82 m 时，主关键层断裂垮落，垮落高度距煤层顶板 51 m，裂隙高度发育至 54 m。因此，在离层裂隙未达到主关键层前，裂隙高度发展较快，覆岩裂隙发育，但当离层发展到主关键层后，离层裂隙位置不再升高，主关键层垮落后，裂隙再一次向上发展。

6.3.3 覆岩应力分布规律

根据工作面底板测点开采前后应力值和切眼的距离，得到不同推进距下煤层底板应力分布规律，如图 6-19～图 6-21 所示。

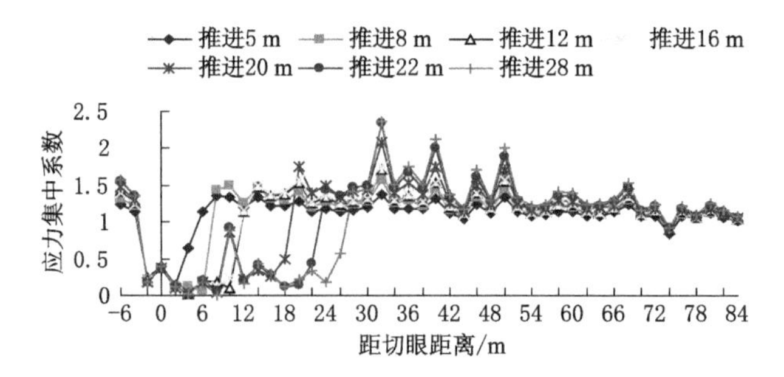

图 6-19　工作面推进 5～28 m 底板应力分布

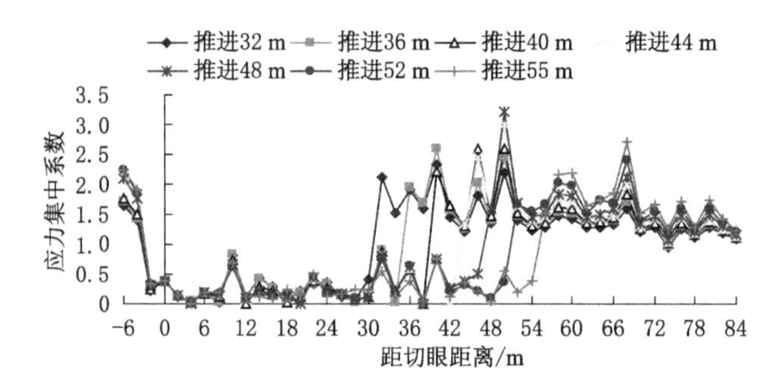

图 6-20　工作面推进 32～55 m 底板应力分布

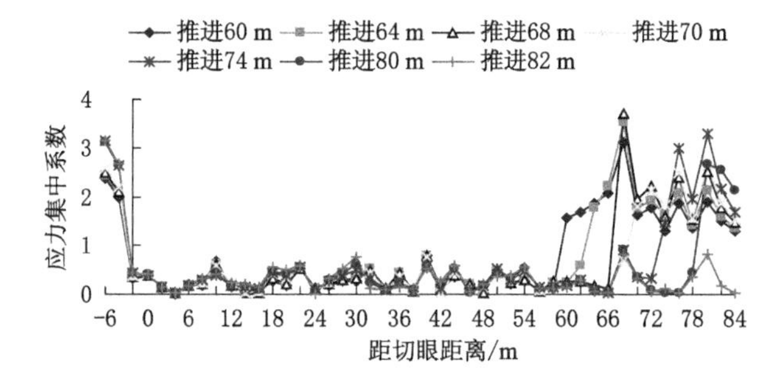

图 6-21　工作面推进 60～824 m 底板应力分布

从图 6-19～图 6-21 可以看出，随着采煤工作面不断推进，受主关键层层位的影响，采动影响下煤壁前方超前支承压力峰值大小、峰值位置、影响范围都发生变化。采动影响剧烈区位于工作面至 30 m 范围内；在工作面前方 0～4 m 的范围内形成一个应力降低区域，产生“卸压增流效应”；在工作面前 0～4 m 至 30 m 范围形成明显应力集中区，气体渗流速度降低。采动影响区位于工作面前 30～55 m 的范围内。未受采动影响区位于工作面前 55 m 以外。在工作面煤壁前方形成的支承压力峰值是逐渐增加的，直接顶垮落时最大应力集中系数为2.2，第2次周期来压时煤壁的最大应力集中系数为3.2，且支承压力的极值点位置随工作面的推进不断前移，切眼附近支承压力变化较小。随着工作面的推进，采空区底板上的支承压力明显降低，卸压区域不断扩大。

6.3.4 覆岩渗透率变化规律

实验过程中，对第一排和第二排各孔随工作面推进距离变化的渗流速度进行测试。通过整理实验测试数据，并绘制出关系曲线如图6-22～图6-24所示，分析了各孔渗流速度随工作面推进距离的变化规律。

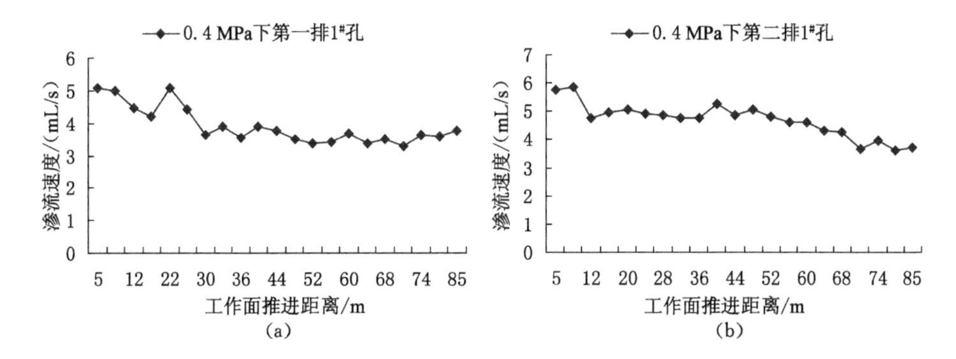

图6-22 1#孔渗流速度与推进距离的关系曲线

(a) 第一排1#；(b) 第二排1#

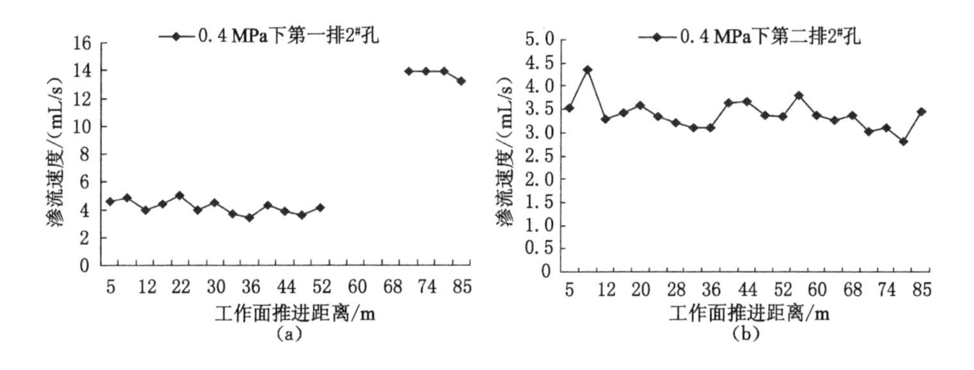

图6-23 2#孔渗流速度与推进距离的关系曲线

(a) 第一排2#；(b) 第二排2#

1#孔位于煤层切眼上方，在预留煤柱边缘，距煤层顶板30 m。从图6-22可以看出，1#孔的渗流速度呈现出一个增大、降低、再增大、再降低、然后逐渐平稳的变化过程。切眼形成后，受采动影响，岩层的原始应力平衡被破坏，上覆岩层卸压，渗流速度增加到5.1 mL/s。随着工作面的推进，从图6-19可以看出，切

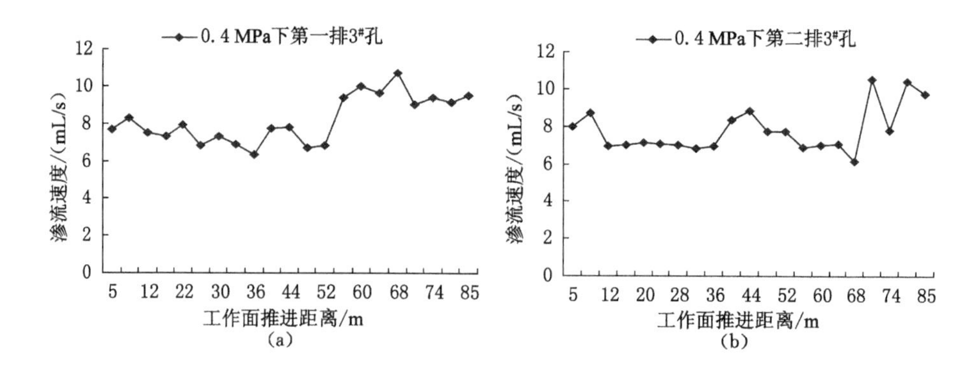

图 6-24　3# 孔渗流速度与推进距离的关系曲线

(a) 第一排 3#；(b) 第二排 3#

眼上方的岩层集中应力系数增加，说明岩层逐渐被压实，渗流速度开始逐渐下降；在工作面推进至 22 m 时，直接顶垮落，切眼附近的岩层再次受到扰动，渗流速度增加，为 5.3 mL/s，达到初次来压前的最大值。在工作面推进至 22～30 m 过程中，岩层应力再一次增加，渗流速度下降。

从图中可以看出，由于工作面距切眼越远，采动对 1# 孔处岩层的影响越小，渗流速度趋于平缓，只是在基本顶每次来压时，渗流速度发生波动，但波动的幅度不大。

第一排的 2# 孔距切眼水平距离 20 m。从图 6-23(a)可以看出，在工作面推进到距切眼 20 m 范围内，第一排的 2# 孔气体渗流速度呈现出波动趋势。结合图 6-19可以看出，由于 2# 孔一直处于未开采煤层上方，在工作面推进 5～16 m 的范围内，2# 孔处于应力集中区，附近岩层的应力逐渐升高，2# 孔接近应力峰值区域，渗流速度开始降低，并在 16 m 时降至最低点，为 4.73 mL/s。在工作面推进 16～20 m 的范围内，工作面前方的集中应力峰值向前移动，在工作面前方 0～4 m 处形成一个卸压区，2# 孔刚好位于卸压区内，其渗流速度开始回升。当工作面推进至 22 m 时，2# 孔已处于采空区内，且此时直接顶垮落，使积聚在覆岩中的应力得以释放，裂隙发育，渗流速度继续增加。

在工作面从 22 m 推进至 40 m 的过程中，由于基本顶的周期垮落和岩层压实作用，使得 2# 孔的渗流速度随着工作面的推进上下波动，初次来压和第 1 次周期来压时，渗流速度有微弱的升高。当工作面推进到 55 m 时，第 2 次周期来压，覆岩垮落高度为 32 m，空洞最大高度为 2 m，此时 2# 孔位于空洞中，气体渗流速度趋于无穷大，失去测试意义。在工作面推进 55～70 m 过程中，2# 孔一直处于空洞中。在推进至 70 m 时，基本顶第 3 次周期来压，垮落高度为 46 m，上覆岩层的垮落填补了空洞，2# 孔处的岩层被垮落的岩层压实，渗流速度有很大程度的下降，但由于此处破断裂隙发育程度较高，渗流速度依然在一个很高的水平。70～82 m 范围内，由于顶板未发生垮落，2# 孔处的渗流速度未发生变化，在 82 m 时，基本顶第 4 次周期来压，覆岩垮落，2# 孔处的裂隙再次被压实，渗流速度降低。

第二排 2# 孔距煤层顶板垂直距离 50 m，距切眼水平距离 20 m。从图 6-23(b)可以看出，在工作面推进 5～55 m 范围内，与第一排 2# 孔的变化趋势是一致的。由于距离层顶板较高，受采动影响的程度不大，相对于图 6-23(a)的渗流速度较低，只在 3.5 mL/s 处上下变化。在第 2 次周期来压时，垮落高度较高，距离空洞距离较近，所以第 2 次周期来压的渗流速度较第 1 次来压时的高，第 3 次周期来压时，第二排 2# 孔已不在垮落的范围内，渗流速度开始降低。

第一排 3# 孔距切眼水平距离 40 m。从图 6-24(a)可以看出，受采动影响，3# 孔在距切眼处渗流速度增加，随着工作面的推进，在 12～20 m 范围内，第一排 3# 孔的渗流速度变化不大。当工作面推进到 22 m 时，顶板初次垮落，对上覆岩层产生扰动，3# 孔渗流速度升高。当工作面推进至 30 m 时，基本顶初次来压发生垮落，3# 孔渗流速度增加，但是由于 3# 孔处于应力集中区附近，其增加的幅度不大。在工作面推进 30～36 m 的过程中，上覆岩层出现了被压实的现象，3# 孔进入工作面前方的应力集中区，渗流速度呈现下降趋势，36 m 时，应力峰值已到达第一排 3# 孔处，其渗流速度较前一阶段有明显的下降，从图 6-24(a)可以明显看出其数值达到最小。

当工作面推进至 40 m 时，发生第 1 次周期来压，对于 3# 孔处上覆岩层有所影响，3# 孔附近的岩层应力得以释放，加之其处于卸压区内，渗流速度呈上升趋势。在工作面从 40～52 m 的推进过程中，3# 孔位于采空区内，其附近岩层中的裂隙逐渐被压实，渗流速度降低。当工作面推进至 55 m 时，发生第 2 次周期来压，3# 孔恰好位于空洞角处，渗流速度明显上升。但由于工作面的推进，上覆岩层不断被压实。当工作面推进至 64 m 时，渗流速度开始降低。当工作面推进至 70 m 时，第 3 次周期来压，3# 孔渗流速度增加，但增加幅度不大。

第二排 3# 孔距煤层顶板垂直距离 50 m，距切眼水平距离 40 m。从图 6-24(b)可以看出，在 12～36 m 范围内，由于距煤层顶板较高，第二排 3# 孔的渗流速度变化不大。当工作面推进到 40 m 时，由于工作面前方集中应力峰值前移，第二排 3# 孔进入卸压区，此时第 1 次周期来压，渗流速度出现明显的升高。在工作面从40～70 m 推进过程中，在上覆岩层周期垮落和压实运动影响下，渗流速度呈现上下波动现象。在推进至 70 m 时，第 3 次周期来压，垮落高度为 46 m，3# 孔距离空洞较近，渗流速度大幅度升高。

综上所述，随着工作面的不断推进，应力峰值位置的变化对各孔渗流速度影响也不同。靠近应力峰值时，渗流速度开始逐渐降低；处于应力峰值点时，渗流速度降到最低；位于应力峰值点后方时，渗流速度增加，主要是由于岩层的集中应力得以释放的结果。

6.4 覆岩采动裂隙与卸压瓦斯渗流耦合的数值模拟

RFPA-Flow(Realistic Failure Process Analysis-Flow)软件是大连力软科技有限公司开发的一个以有限元方法为应力和渗流分析，以弹性损伤理论为材料破坏分析，以 Biot 固结理论为耦合分析，同时对破坏单元进行力学和渗透性质处理的煤岩破裂过程分析的系统，能对裂纹的萌生、扩展过程中渗透及演化规律及其渗流-应力耦合机制进行模拟分析[227]。因此，本节采用 RFPA^{2D}-Flow 软件进行模拟，研究采动影响下的覆岩变形及裂隙形成特征和卸压瓦斯在上覆岩层裂隙中的运移形态及渗流规律。

6.4.1 数值模拟模型设计原则

建立模型时将工作面煤层顶、底板各层的岩性、弹性模量、岩层厚度、摩擦角、泊松比和抗压强度综合分析赋值，地应力中垂直应力由岩石的密度、厚度和重力加速度确定，方向竖直向下。RFPA 网格的划分是建立在对煤层赋存分析的基础上，网格的密度应根据研究的内容和重点确定。

模拟采用二维平面应变模型，沿煤层走向的剖面，走向长度为 280 m，垂直高度为 100 m。模型水平方向施加位移约束，可垂直移动，底边施加固支约束。岩层共有 9 层，数值模拟时此模型共划分 280×100＝28 000 个 1 m×1 m 的正方形单元格。煤层自左向右开采，左右两侧各留 50 m 煤柱，准备开采长度为 100 m，每个开采步距为 5 m，共开采 20 步，采高 5 m。为了研究卸压瓦斯渗流的效果，简化计算过程，设煤层的初始瓦斯压力为 1.5 MPa。通过模拟不同主关键层层位模型的覆岩垮落和瓦斯渗流现象，研究主关键层层位对覆岩采动裂隙演化规律及卸压瓦斯渗流规律的影响。模型 1 的主关键层位于煤层顶板上方 30 m，模型 2 的主关键层位于煤层顶板上方 50 m。

6.4.2 主关键层距煤层顶板 30 m 的数值模拟实验结果

(1) 覆岩垮落破坏特征分析

图 6-25 为煤层开采后上覆岩层破断过程变化图。图形截取了采场周围发生明显垮落和裂隙分布的区域，黑色部分基本反映了采动裂隙的分布情况。通过模拟计算，选取 6 步具有代表性的开采过程，可以很直观地看出顶板上覆岩层破断垮落、采动裂隙形成、发育的动态过程。

煤层开采后，受采动扰动影响，原岩应力发生变化，在采空区的两侧形成压力升高区，顶板岩层同步卸压，在应力扰动及自身重力作用下，上方覆岩发生弯

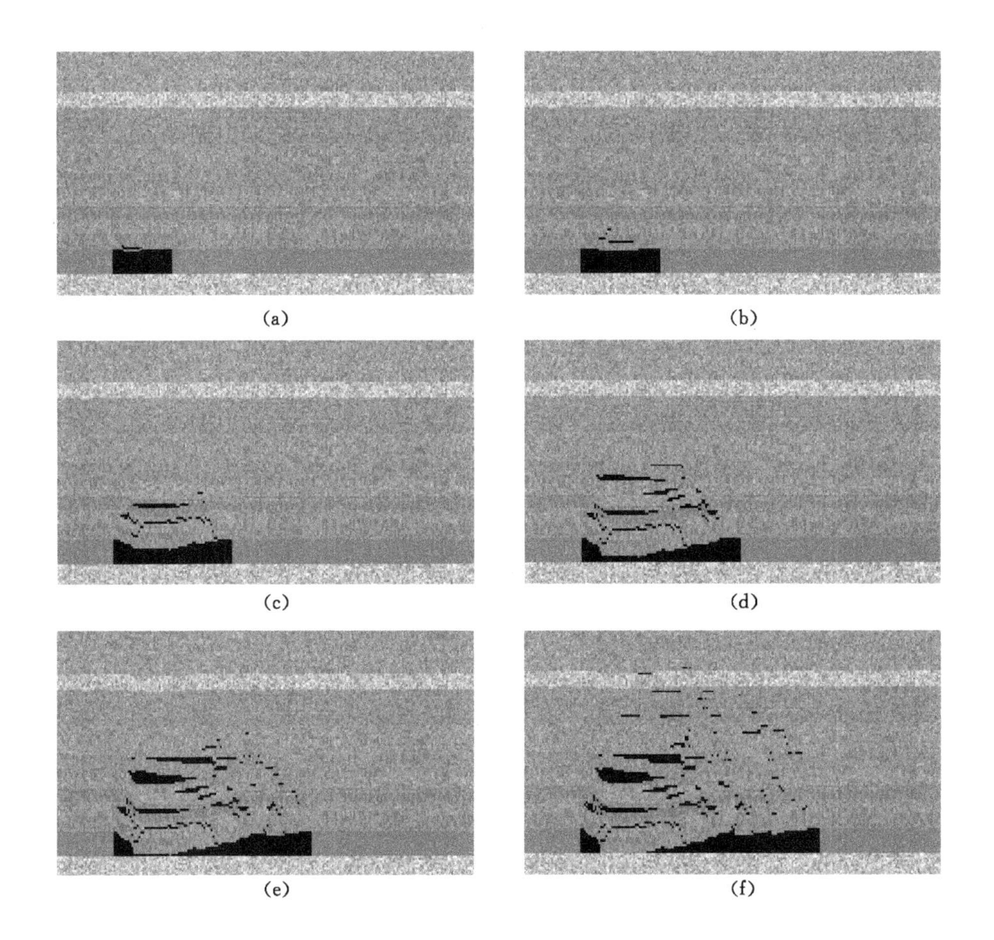

图 6-25 覆岩破断垮落图(主关键层距煤层顶板 30 m)

(a) 工作面推进 15 m;(b) 工作面推进 20 m;(c) 工作面推进 30 m;
(d) 工作面推进 45 m;(e) 工作面推进 60 m;(f) 工作面推进 85 m

曲、离层直至垮落。在工作面开采 15 m(Step3)时,直接顶所受的应力超过其破坏强度,直接顶垮落,裂隙发展,采空区周围岩层应力重新分布,在切眼处和煤壁前方处出现应力集中。随着工作面的推进,裂隙不断向上发育。当工作面推进至 30 m(Step6)时,悬露的岩梁达到一定的跨度后,端部开裂,基本顶垮落,发生初次来压,覆岩离层裂隙高度升高。当工作面推进到 45 m(Step9)时,发生第 1 次周期来压,当工作面推进至 60 m(Step12)时,发生第 2 次周期来压。在推进过程中,上覆岩层裂隙范围逐渐扩大,高度不断升高。当工作面推进至 85 m (Step17)时,采空区上覆岩层裂隙发育,最大裂隙高度已达到主关键层下方,距煤层顶板 30 m 处。

(2) 煤层底板支承压力分布分析

图 6-26 给出了不同推进距离下的煤层底板支承压力分布曲线图。从图中可以看出，当工作面推进 15 m 时，直接顶初始垮落，工作面前方最大支承压力达到 10.5 MPa，峰值位置位于工作面前方 4 m，在 30 m 时第 1 次来压时有所增加，支承压力为 13.2 MPa。随着工作面的不断推进，工作面前方的支承压力每次周期来压后都有增大趋势。在工作面推进到 85 m 时，随着主关键层的破断，支承压力为 27.5 MPa，峰值位置位于工作面前方 8 m。从图中可以看出，在工作面前方呈现卸压区、应力集中区、稳压区，各区的范围及支承压力峰值大小、位置如表 6-5 所列。由表可知，随着工作面的推进，支承压力呈动态变化，煤体前方支承压力分区范围以及影响区域范围也发生变化。

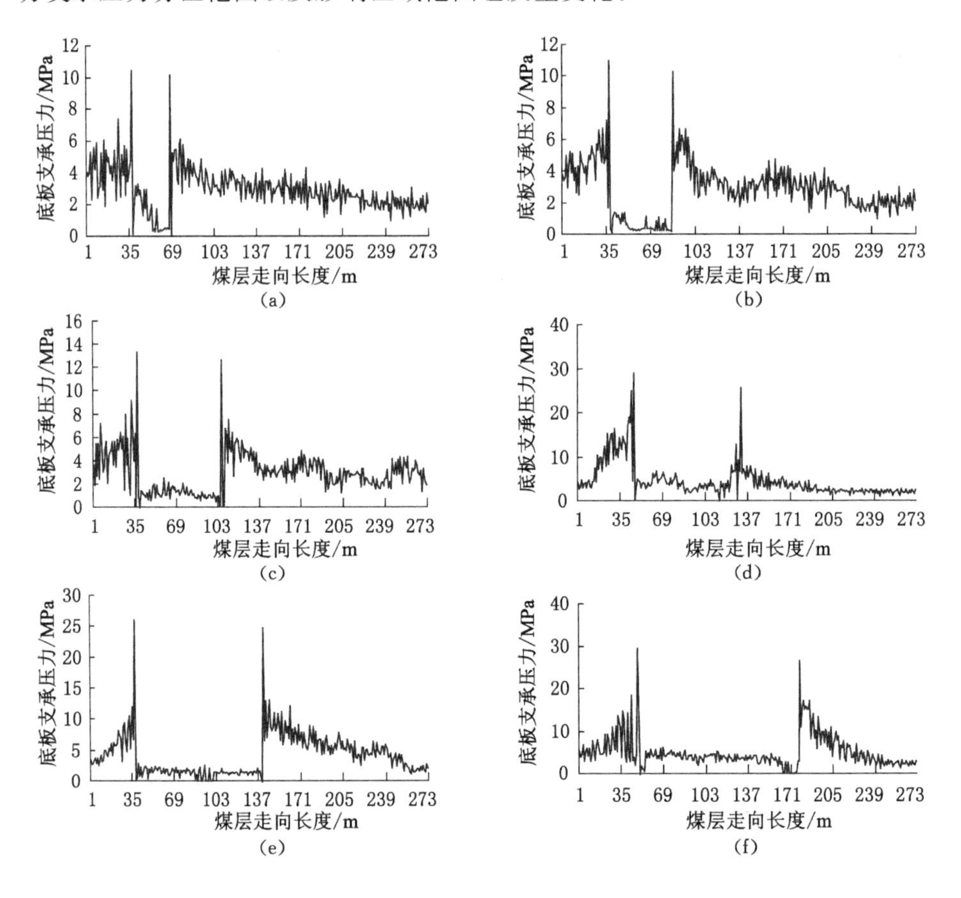

图 6-26　不同推进距离下的煤层底板支承压力分布曲线(主关键层距煤层顶板 30 m)

(a) 工作面推进 15 m；(b) 工作面推进 20 m；(c) 工作面推进 30 m；

(d) 工作面推进 45 m；(e) 工作面推进 60 m；(f) 工作面推进 85 m

表 6-5 各区的范围及支承压力峰值(主关键层距煤层顶板 30 m)

工作面推进距离/m	卸压区/m	支承压力区/m	稳压区/m	压力峰值/MPa	峰值位置/m
15	0～3	3～24	24～47	10.5	4
20	0～4	4～25	25～48	11.3	5
30	0～4	4～25	25～48	13.2	5
45	0～5	5～30	30～55	26.6	7
60	0～5	5～27	27～50	24.8	6
85	0～5	5～30	30～60	27.5	8

(3) 卸压瓦斯渗流分析

图 6-27 给出了数值模拟卸压瓦斯在裂隙渗流的矢量分布。从图中可以看出,随着煤层的开采,瓦斯渗流范围不断扩大,高度不断升高。

当工作面推进至 15 m 时,受采动影响,煤层瓦斯沿工作面涌出,由于支承压力较小,渗透系数变化不明显,水平渗流速度为 3.15 m/s。当工作面继续推进至 30 m 时,基本顶垮落,覆岩裂隙发展,支承压力增加,由于支承压力的变化引起瓦斯渗流范围及渗流速度相应地增加,此时瓦斯的水平渗流速度增加至 12.8 m/s,如图 6-27(b)所示。当工作面推进至 45 m 时,基本顶周期破断垮落,第 1 次周期来压,超前支承压力升高,位置前移,覆岩顶板裂隙发育,此时瓦斯的水平渗流速度为 19.2 m/s,如图 6-27(c)所示。当工作面推进至 60 m 时,第 2 次周期来压,虽然支承压力强度有所降低,影响瓦斯渗流速度发生变化,但覆岩破坏严重,裂隙发育,此时的水平渗流速度为 16.3 m/s,当工作面推进至 85 m 时,支承压力再一次升高,覆岩裂隙向上扩展、贯通,引起瓦斯渗流速度变快,水平渗流速度为 20.8 m/s。

6.4.3 主关键层距煤层顶板 50 m 的数值模拟实验结果

(1) 覆岩垮落破坏特征分析

图 6-28 为煤层开采过程中上覆岩层破断变化图。通过模拟计算,图形截取了 6 步具有代表性的开采过程中岩层发生明显垮落和裂隙分布的区域图,黑色部分基本反映了采动裂隙的分布情况,可以直观地看出顶板上覆岩层破断垮落、采动裂隙形成、发育的动态过程。

在工作面开采 20 m(Step4)时,直接顶垮落,采空区周围岩层应力重新分布,在切眼处和前方支撑煤壁处出现应力集中,顶板出现小范围的离层,如图 6-28(a) 所示。随着工作面的推进,裂隙不断向上发育。当工作面推进至 35 m(Step7-2)时,悬露的岩梁达到一定的跨度后,端部开裂,基本顶初次垮落,覆岩层离层裂隙升高。当工作面推进到 45 m(Step9-1)时,基本顶周期垮落,第

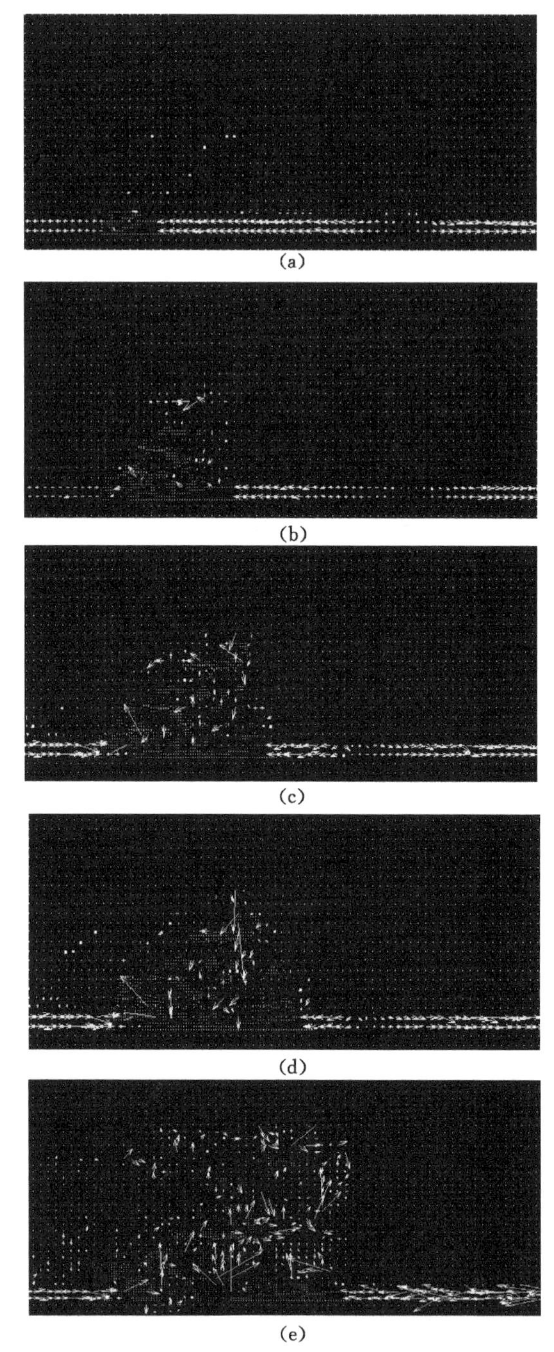

图 6-27　工作面推进距离与煤层瓦斯渗流矢量图(主关键层距煤层顶板 30 m)

(a) 工作面推进 15 m;(b) 工作面推进 30 m;(c) 工作面推进 45 m;

(d) 工作面推进 60 m;(e) 工作面推进 85 m

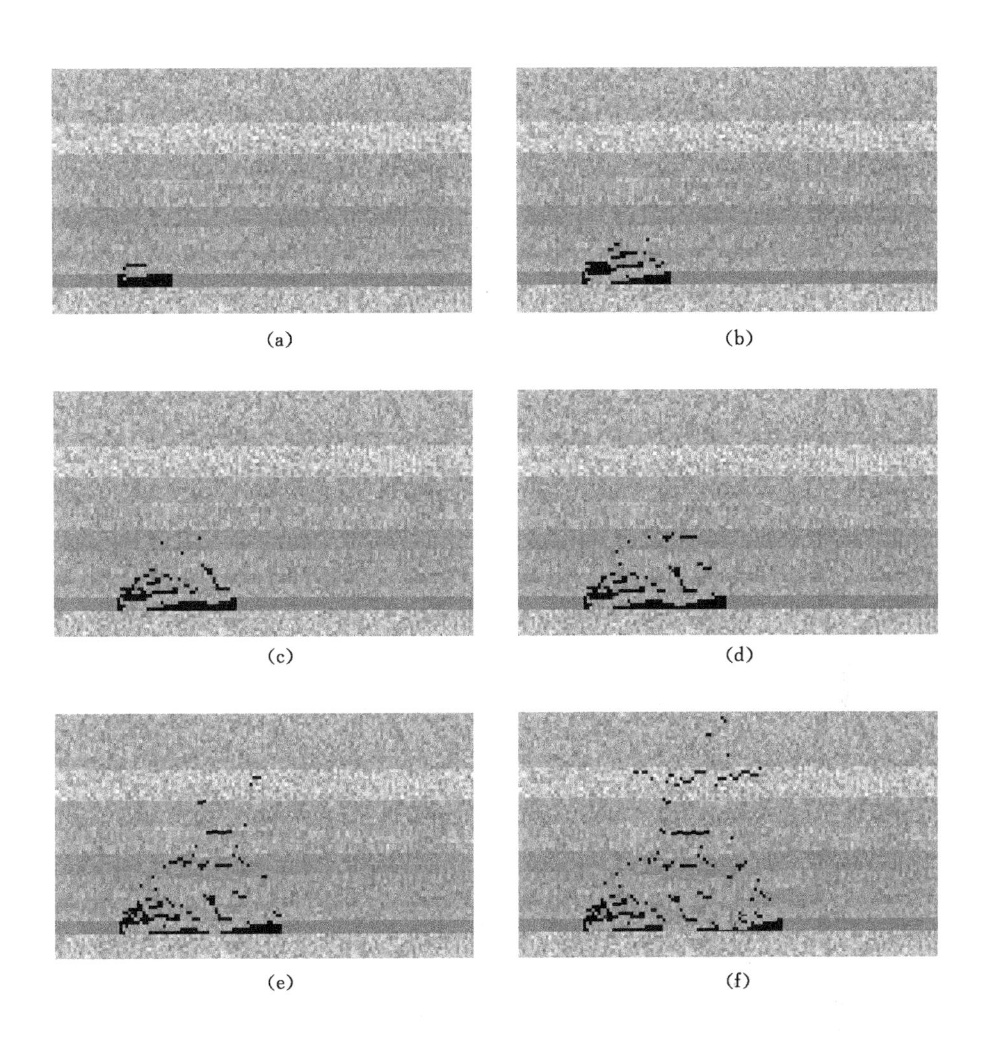

图 6-28 覆岩破断垮落图(主关键层距煤层顶板 50 m)

(a) 工作面推进 20 m;(b) 工作面推进 35 m;(c) 工作面推进 45 m;
(d) 工作面推进 55 m;(e) 工作面推进 70 m;(f) 工作面推进 85 m

1 次周期来压,当工作面推进至 55 m(Step11-2)时,发生第 2 次周期来压。在工作面推进过程中,上覆岩层裂隙范围逐渐扩大,高度不断升高。当工作面推进至 70 m(Step14-2)时,采空区上覆岩层裂隙发育,最大裂隙高度已达到主关键层下方。当工作面推进至 85 m(Step17)时,主关键层发生弯曲下沉,离层裂隙出现,采空区内裂隙发育,最大裂隙高度进入主关键层内部。

(2) 煤层底板支承压力分布分析

图 6-29 为不同推进距离下的支承压力分布曲线图。从图中可以看出,工作

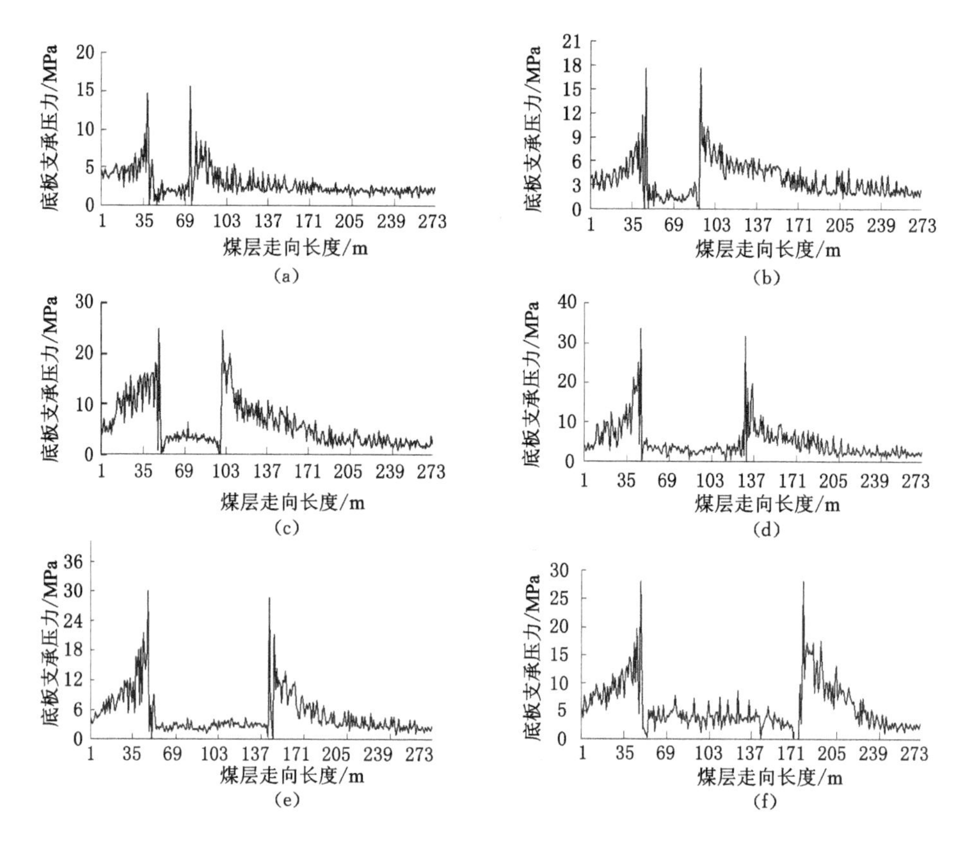

图 6-29 不同推进距离下的煤层底板支承压力分布曲线(主关键层距煤层顶板 50 m)

(a) 工作面推进 20 m;(b) 工作面推进 35 m;(c) 工作面推进 45 m;

(d) 工作面推进 55 m;(e) 工作面推进 70 m;(f) 工作面推进 85 m

面推进到 20 m 时,直接顶垮落,工作面前方呈现出应力集中现象,最大支承压力为 14.8 MPa,峰值位于工作面前方 5 m 处。当推进到 30 m 时,离层裂隙发展,未垮落岩层两端及中部均产生破断裂隙。当工作面推进 35 m 时,基本顶垮落,初次来压,工作面前方最大支承压力升高,为 17.8 MPa,峰值位置在工作面前方 4 m 处。当工作面推进 45 m 时,基本顶再次垮落,形成第 1 次周期来压,来压步距为 10 m,支承压力峰值继续增加,为 23.8 MPa。随着工作面的推进,工作面前方的支承应力增大趋势明显,当工作面推进到 85 m 时,主关键层发生弯曲下沉,内部产生离层裂隙,此时的支承压力为 28.2 MPa。工作面前方形成的卸压区、应力集中区、稳压区各区的范围如表 6-6 所列。由表可知,支承压力随工作面推进距离呈动态变化,工作面前方支承压力分区范围影响区域的范围也发生了变化。

表 6-6　各区的范围及支承压力峰值(主关键层距煤层顶板 50 m)

工作面推进距离/m	卸压区/m	支承压力区/m	稳压区/m	压力峰值/MPa	峰值位置/m
20	0～5	5～30	30～50	14.8	5
30	0～4	4～30	30～55	17.8	4
45	0～5	5～35	35～55	23.8	5
55	0～7	7～40	40～65	31.4	7
70	0～6	6～40	40～60	29.3	6
85	0～5	5～35	35～55	28.2	5

(3) 卸压瓦斯渗流分析

图 6-30 为数值模拟卸压瓦斯在裂隙渗流的矢量分布。从图中可以看出，随着煤层的开采，瓦斯渗流范围不断扩大，高度不断升高。

当工作面推进到 20 m 时，煤层瓦斯受采动影响沿工作面涌出，由于工作面前方支承压力较小，渗透系数变化不明显，在距煤层顶板 30 m 处的瓦斯水平渗流速

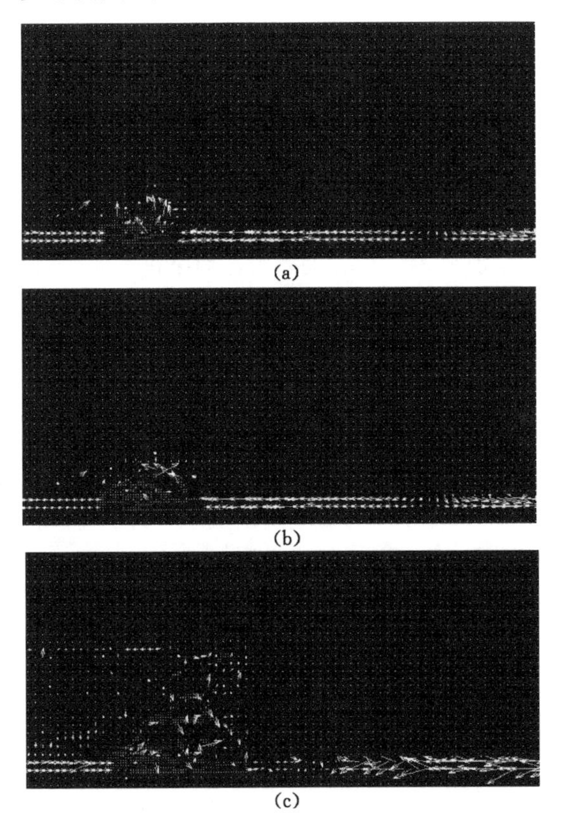

图 6-30　工作面推进距离与煤层瓦斯渗流矢量图(主关键层距煤层顶板 50 m)

(a) 工作面推进 35 m；(b) 工作面推进 45 m；(c) 工作面推进 55 m

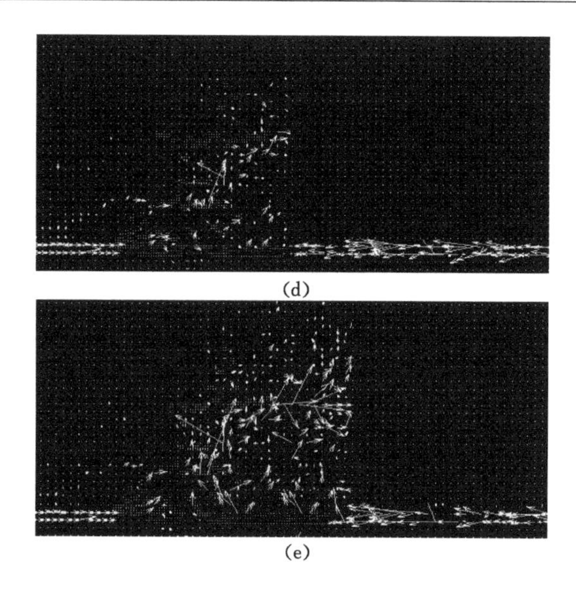

图 6-30(续) 工作面推进距离与煤层瓦斯渗流矢量图(主关键层距煤层顶板 50 m)
(d) 工作面推进 70 m;(e) 工作面推进 85 m

度为 3.56 m/s,距煤层顶板 70 m 处的水平渗流速度为 1.34 m/s。当推进至 35 m 时,基本顶垮落,覆岩裂隙发育,支承压力增加,由于支承压力的变化引起瓦斯渗流范围及渗流速度相应地增加,此时 30 m 处的瓦斯水平渗流速度增加至14.78 m/s,70 m 处的渗流速度增加至 3.23 m/s。当工作面推进至 45 m 时,基本顶周期破断垮落,第 1 次周期来压,垮落高度升高,覆岩裂隙发育,瓦斯渗流速度增加,30 m 处的瓦斯水平渗流速度为 18.3 m/s,70 m 处的瓦斯水平渗流速度增加至5.96 m/s。当工作面推进至 55 m 时,第 2 次周期来压,裂隙继续发育,高度升高,30 m 处的瓦斯水平渗流速度为 20.5 m/s ,70 m 处的瓦斯水平渗流速度增加至 10.3 m/s。随着工作面的推进,基本顶发生周期垮落,30 m 处的岩层逐渐被压实,瓦斯水平渗流速度降低,而采动对 70 m 处的岩层影响逐渐加剧,渗流速度增加较快。当工作面推进至 85 m 时,覆岩裂隙进入主关键层内部,在关键层两端出现破断裂隙,与覆岩上方的离层裂隙贯通,引起瓦斯渗流速度变快,30 m 处的瓦斯水平渗流速度为 16.5 m/s,70 m 处的渗流速度增加至 16.3 m/s。

6.5 采动裂隙演化与卸压瓦斯渗流固气耦合规律

通过上述分析可以得到,相似模拟实验与数值模拟实验结果相似。主关键层层位的不同对覆岩裂隙发育高度、垮落高度、来压步距、渗流速度都产生了一定的影响。垮落高度受主关键层位置影响很明显,当推进 70 m 时,都是第 3 次周期来压,但模型 2 的垮落高度约为模型 1 的 2.4 倍。层位高,周期破断步距小,上覆岩层裂隙发育速度快,渗流速度增加,采动影响区域范围扩大,工作面应力增加,具体如表 6-7、表 6-8 所列。

表 6-7 相似模拟实验对比分析表

模　型	平均来压步距/m	卸压区/m	采动影响剧烈区/m	采动影响区/m	未受采动影响区/m
模型 1	15	0～6	6～25	25～45	＞45
模型 2	13	0～4	4～30	30～55	＞55

表 6-8 数值模拟实验对比分析表(30 m 处的渗流速度)

模　型		超前支承压力范围/m			应力峰值/MPa	渗流速度/(m/s)
		卸压区	支承压力区	稳压区		
模型 1	初次	0～4	4～25	25～48	13.2	12.8
	周期	0～5	5～30	30～60	27.5	20.8
模型 2	初次	0～4	4～30	30～55	17.8	14.78
	周期	0～5	5～35	35～55	28.2	16.5

通过物理相似模拟和数值模拟研究发现,上覆岩层的裂隙发展变化经历了卸压、失稳、裂隙产生、裂隙缩小、裂隙闭合、裂隙维持、裂隙再次加速闭合直至完全被压实的过程。岩层受采动影响,覆岩产生不同步弯曲下沉,引起在层面节理、薄弱带附近产生分离,形成离层裂隙。当岩层垮落后,垮落带内的裂隙主要为大裂缝和缝隙。在裂隙带内垮落的岩层排列整齐,相对完整,仍为层状分布,裂隙纵横交错,相互贯通,为瓦斯气体沿层或穿层运移提供了通道,岩层的渗透率增加显著。弯曲下沉带内覆岩整体移动,存在少数沟通不充分的垂向拉张裂隙,岩层的渗透率变化不大,但相对于原始岩层的渗透率要大。

煤层采出后,随着工作面的不断推进,采空区上覆岩层的离层裂隙和破断裂隙相互贯通,形成了动态变化的采动裂隙场。在工作面空间内存在不可避免的漏风,在进风巷和回风巷之间的压力差等作用下,裂隙场内的整个空间充满了瓦斯或瓦斯-空气混合气体。

由于煤层的开采,采空区上覆岩层发生下沉、断裂运动时,形成了采动裂隙,为瓦斯气体的运移提供了通道。随着开采工作面不断推进,采动裂隙场是动态变化的,岩层的渗透率也呈现动态变化,导致瓦斯气体在裂隙场内的渗流状态及孔隙压力也随之受到改变。图 6-31 为模型 2 在煤层未开采情况下,1# 孔充气时压力传感器所采集的数据。从图 6-31 可以看出,当模型中充入 0.4 MPa 的压力气体时,煤层底板应力增加 2%左右;当充入的气体压力增加到 0.5 MPa 时,煤层底板应力平均增加6%左右。可见,气体压力与岩层之间存在着一定的作用力。当采动裂隙场内聚集带有压力的瓦斯气体时,瓦斯压力对岩层产生了作用力,使得加载在岩层上的载荷除了岩层自身的重力和上覆岩层的压力外,还有气体压力产生的附加作用力。

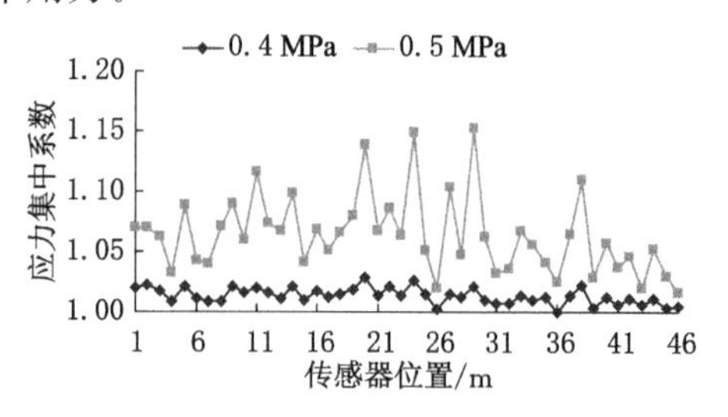

图6-31 气体压力与岩层应力的关系

通过上述分析,裂隙场与渗流场之间相互影响、相互作用,主要表现在两个方面:

① 瓦斯气体由于压力梯度的作用在裂隙场内发生运移,改变了渗流场的分布,导致煤岩体的受力状态发生改变,使煤岩体应力场重新分布,影响了采动裂隙的演化,裂隙场范围产生变化,从而渗流场进一步改变。

② 覆岩的移动、变形形成了采动裂隙场,为卸压瓦斯运移提供了通道,裂隙场范围的变化,导致煤岩体应力场重新分布,应力影响范围发生变化,进而渗流场发生改变。

综上所述,采动裂隙场中瓦斯渗流与上覆岩体变形形成的裂隙场之间相互影响,相互作用,存在着复杂的关系。它是卸压瓦斯渗流场与采动裂隙场之间耦合的一个动态平衡体系。

6.6 本章小结

(1) 在采动影响下煤壁前方形成了不断前移的超前支承压力,其影响范围分为采动影响剧烈区、采动影响区、未受采动影响区。主关键层层位越高,三个区域的影响范围越大。当主关键层处于30 m时,采动影响剧烈区在工作面前方距煤壁25 m内,而层位处于70 m时,影响范围扩大至30 m。

(2) 随着工作面的推进,煤壁前方的超前支承压力从煤体深处开始至煤壁侧逐渐升高,极值点位置不断前移,在切眼附近支承压力峰值的位置变化量较小。应力峰值位置的变化对各孔渗流速度产生影响较大,渗流速度在初期与支承压力是同时增长的,在快接近应力峰值时,渗流速度突然大幅下降,直至应力峰值过后渗流速度又突然增加。

(3) 在工作面前方 0～6 m 和距切眼 0～22 m 的范围内，形成了卸压充分高透高流带和卸压增透增流带，渗流速度较大。在距切眼 22 m 至工作面前方 12 m 范围内，由于上覆岩层裂隙收缩、闭合，形成地压恢复减透减流带，导致渗流速度逐渐下降，且随着工作面的推进，“三带”也在不断前移，地压恢复减透减流带的范围逐渐扩大。

(4) 物理相似模拟实验与数值模拟实验结果相似。不同主关键层层位对覆岩裂隙发育高度、垮落高度、来压步距、渗流速度都产生一定的影响，垮落高度受主关键层位置影响很明显，主关键层层位高，覆岩周期破断步距小，裂隙发育速度快，渗流速度增加，采动影响区域范围扩大，工作面前方的支承压力增大趋势明显。

(5) 相似模拟与数值模拟的实验结果表明，采动裂隙场与卸压瓦斯渗流之间是一个动态平衡的体系。裂隙场范围的变化导致煤岩体应力场改变，进而影响渗流场变化；同时，瓦斯渗流场的分布，导致煤岩体应力场重新分布，影响了裂隙场的范围，从而改变了渗流场。

7 主要结论

采动裂隙演化与卸压瓦斯渗流耦合的相似模拟实验研究，对确定科学、合理的抽采方法、有效防治瓦斯灾害、实现煤与瓦斯安全共采提供了重要理论价值。本书基于固气耦合模拟实验、数值模拟实验和理论分析，研究了采动裂隙时空演化与卸压瓦斯渗流的耦合规律。主要结论如下：

(1) 根据采场覆岩变形、移动、破坏规律，分析了采动裂隙场的成因及内涵，将裂隙场定义为随工作面推进，在上覆岩层中形成的一个动态演化的裂隙空间。根据采动裂隙场具有多孔介质性质的特点，构建了采动裂隙场与卸压瓦斯渗流固气耦合数学模型，推导出固气耦合实验相似条件，为裂隙场煤岩瓦斯固气耦合实验研究提供了理论基础。

(2) 自主研发了固气耦合相似模拟实验系统和相似实验材料，完善了模拟实验的测试系统与充气系统，解决了密闭箱体内模拟开采技术和实验箱体的气密性两大关键难题，为进行固气耦合相似模拟实验奠定实验基础。

(3) 通过物理相似模拟实验得到，在煤层开采过程中，采动裂隙场形成后，其大小和位置随着工作面的推进不断发生变化。裂隙场的高度受到主关键层的位置的影响，主关键层未发生破断前，裂隙场的高度止于主关键层附近，主关键层垮落后，裂隙场高度再次升高。

(4) 受采动影响，覆岩产生的裂隙促使气体渗流速度增加，当裂隙被逐渐压实时，岩层的渗流速度有所降低，但相比原始状态下的渗流速度要大。上覆岩层渗流速度随着工作面的推进总体形成一个先升高后降低、再升高再降低、最终逐渐趋于稳定的动态变化过程。

(5) 根据天池煤矿401工作面的相似模型实验发现，在采动裂隙场范围内，距煤层底板30 m的覆岩渗透率分为3个区域。距切眼15～37 m(即距裂隙场左边界0～22 m)范围内，形成卸压增流区，该区域内渗流速度为标定值的2.8倍；距切眼37～55 m范围内，形成稳压稳流区，覆岩渗流速度平稳，约为标定值的2.3倍；距切眼55～75 m(即距裂隙场左边界40～60 m)范围内，形成卸压增流区，在距工作面最近的周期来压点，渗流速度为标定值的2.6倍，在距工作面0～5 m范围内，渗流速度为标定值的1.8倍。

(6) 不同配比材料的物理力学参数测试结果表明：试件的抗压强度随着石

蜡与沙子质量比的减少呈现下降趋势；对含油试件抗压强度而言，调整油量对试件抗压强度影响程度不大，消除了靠单纯改变石蜡和沙子的质量比导致试件抗压强度变化较大的不足。当含油量不变时，石蜡比例越高，渗流速度越低；当石蜡与沙子质量比不变时，含油量增加，渗流速度先升高再逐渐降低。

（7）固气耦合相似模拟实验与数值模拟实验都表明，主关键层层位高，周期破断步距小，上覆岩层裂隙发育，渗流速度快，煤壁应力增加，超前支承压力峰值影响范围扩大，支承压力峰值增加。应力峰值位置的变化对渗流速度产生明显的影响，渗流速度在开采初期与支承压力是同步增长的；在接近应力峰值时，渗流速度突然大幅下降，直至应力峰值过后渗流速度又突然增加。

（8）采动裂隙场与卸压瓦斯渗流的耦合关系是一个动态平衡体系。瓦斯气体的运移，改变了渗流场的分布规律，煤岩体受力状态发生改变，使煤岩体应力场重新分布，影响了采动裂隙的演化，从而渗流场进一步改变；覆岩的移动、变形形成了采动裂隙场，裂隙场范围的变化，导致煤岩体应力场影响范围发生变化，进而渗流场发生改变。

参考文献

[1] 李树刚，钱鸣高. 我国煤层与甲烷安全共采技术的可行性[J]. 科技导报，2000(6):39-41.

[2] LI S, XU J. Possibility analysis of simultaneous extraction of coal and coal-bed methane in China[J]. Fuel & energy abstracts, 2002,43(4):246.

[3] 黄盛初，刘文革，赵国泉. 中国煤层气开发利用现状及发展趋势[J]. 中国煤炭, 2009,35(1):5-10.

[4] 中华人民共和国国家发展和改革委员会. 国家能源局副局长、煤矿瓦斯防治部际协调领导小组办公室主任吴吟同志在全国煤矿瓦斯防治(集中整治)领导小组办公室主任会议上的讲话[EB/OL]. [2010-02-22]. http://www.sdpc.gov.cn/zjgx/t20100222_331728.htm.

[5] 钱鸣高，许家林，缪协兴. 煤矿绿色开采技术[J]. 中国矿业大学学报，2003, 32(4):343-347.

[6] 徐玉胜，张仁贵，彭担任，等. 裂隙发育煤层瓦斯抽放钻孔新封孔技术[J]. 煤矿安全，2009,40(2):25-27.

[7] 张新民，庄军，张遂安，等. 中国煤层气地质与资源评价[M]. 北京：科学出版社，2002.

[8] 林柏泉. 矿井瓦斯抽放理论与技术[M]. 徐州：中国矿业大学出版社，1996.

[9] 吴财芳，曾勇，秦勇. 煤与瓦斯共采技术的研究现状及其应用发展[J]. 中国矿业大学学报，2004,33(2):137-140.

[10] 马晓钟. 煤矿瓦斯综合利用技术的探索与实践[J]. 中国煤层气，2007(3):28-31.

[11] 李树刚，李生彩，林海飞，等. 卸压瓦斯抽取及煤与瓦斯共采技术研究[J]. 西安科技学院学报，2002,22(3):247-249.

[12] 李树刚，林海飞，成连华. 煤与瓦斯安全共采基础理论研究进展[J]. 陕西煤炭，2005(增刊):25-29.

[13] 中华人民共和国国家发展和改革委员会. 煤层气(煤矿瓦斯)开发利用"十一五"规划[EB/OL]. [2006-06-28]. http://www.sdpc.gov.cn/nyjt/nyzywx/t20060626_74591.htm.

[14] 俞启香.矿井瓦斯防治[M].徐州:中国矿业大学出版社,1992.
[15] 周世宁,林柏泉.煤层瓦斯赋存与流动理论[M].北京:煤炭工业出版社,1999.
[16] 钱鸣高,缪协兴,许家林,等.岩层控制的关键层理论[M].徐州:中国矿业大学出版社,2000.
[17] 张玉卓,徐乃忠.地表沉陷控制新技术[M].徐州:中国矿业大学出版社,1998.
[18] 刘宗才,于红."下三带"理论与底板突水机理[J].中国煤田地质,2004,33(2):38-41.
[19] 李鸿昌.矿山压力的相似模拟试验[M].徐州:中国矿业大学出版社,1988.
[20] 钱鸣高,石平五.矿山压力与岩层控制[M].徐州:中国矿业大学出版社,2010.
[21] 宋振骐.实用矿山压力控制[M].徐州:中国矿业大学出版社,1988.
[22] 钱鸣高,刘听成.矿山压力及其控制(修订本)[M].北京:煤炭工业出版社,1991.
[23] 陈炎光,钱鸣高.中国煤矿采场围岩控制[M].徐州:中国矿业大学出版社,1994.
[24] 钱鸣高,缪协兴,何富连.采场砌体梁结构的关键块分析[J].煤炭学报,1994,19(6):557-563.
[25] 钱鸣高,朱德仁.老顶岩层断裂型式及其对采面来压的影响[J].中国矿业学院学报,1986(2):9-16.
[26] 朱德仁,钱鸣高,徐林生.坚硬顶板来压控制的探讨[J].煤炭学报,1991(2):11-19.
[27] 赵国景,钱鸣高.采场上覆坚硬岩层的变形运动与矿山压力[J].煤炭学报,1987(3):1-8.
[28] 何富连.综采工作面直接顶稳定性与支架-围岩控制论[D].徐州:中国矿业大学,1993.
[29] 刘长友.采场直接顶整体力学特性及支架围岩关系的研究[D].徐州:中国矿业大学,1996.
[30] 缪协兴,钱鸣高.采场围岩整体结构与砌体梁力学模型[J].矿山压力与顶板管理,1995(3-4):3-12.
[31] 黄庆享,钱鸣高,石平五.浅埋煤层采场老顶周期来压的结构分析[J].煤炭学报,1999,24(6):581-585.
[32] 侯忠杰.老顶断裂岩块回转端角接触面尺寸[J].矿山压力与顶板管理,1999(3-4):29-31.

[33] 侯忠杰,谢胜华.采场老顶断裂岩块失稳类型判断曲线讨论[J].矿山压力与顶板管理,2002(2):1-3.

[34] 姜福兴.岩层质量指数及其应用[J].岩石力学与工程学报,1994(3):270-278.

[35] JIANG Fuxing,JIANG Guo'an. Theory and technology for hard roof control of longwall face in Chinese collieries[J]. Journal of coal science & engineering,1998(2):1-6.

[36] 钱鸣高,缪协兴,许家林.岩层控制中的关键层理论研究[J].煤炭学报,1996,21(3):225-230.

[37] 许家林,钱鸣高.覆岩关键层位置的判断方法[J].中国矿业大学学报,2000,30(5):463-467.

[38] 许家林,钱鸣高.关键层运动对覆岩及地表移动影响的研究[J].煤炭学报,2000,25(2):122-126.

[39] 茅献彪,缪协兴,钱鸣高.采动覆岩中关键层的破断规律研究[J].中国矿业大学学报,1998,28(11):39-42.

[40] 钱鸣高,茅献彪,缪协兴.采场覆岩中关键层上载荷的变化规律[J].煤炭学报,1998,23(2):135-150.

[41] 缪协兴,茅献彪,钱鸣高.采场覆岩中关键层的复合效应分析[J].矿山压力与顶板管理,1999(3-4):19-21.

[42] 侯忠杰.浅埋煤层关键层研究[J].煤炭学报,1999,24(4):359-363.

[43] 杨科,谢广祥.综放开采采动裂隙分布及其演化特征分析[J].矿业安全与环保,2009,36(4):1-3.

[44] 杨科,谢广祥.采动裂隙分布及其演化特征的采厚效应[J].煤炭学报,2008,33(10):1092-1096.

[45] 刘开云,乔春生,周辉.覆岩组合运动特征及关键层位置研究[J].岩石力学与工程学报,2004,23(8):1301-1306.

[46] 常红.工作面煤与瓦斯共采技术实践[J].中州煤炭,2009(5):15-19.

[47] 王海锋,程远平,吴冬梅,等.近距离上保护层开采工作面瓦斯涌出及瓦斯抽采参数优化[J].煤炭学报,2010,35(4):590-594.

[48] 钱鸣高,许家林.覆岩采动裂隙分布的"O"形圈特征研究[J].煤炭学报,1998,23(5):466-469.

[49] 赵保太,林柏泉."三软"不稳定低透气性煤层开采瓦斯涌出及防治技术[M].徐州:中国矿业大学出版社,2007.

[50] 林海飞,李树刚,成连华,等.覆岩采动裂隙演化形态的相似材料模拟实验[J].西安科技大学学报,2009,30(5):507-512.

[51] 李树刚.综放开采围岩活动及瓦斯运移[M].徐州:中国矿业大学出版社,2000.

[52] 李树刚,林海飞.采动裂隙椭抛带分布特征的相似模拟实验分析[J].煤,2008,17(2):19-21,39.

[53] 许家林,钱鸣高,金宏伟.基于岩层移动的"煤与煤层气共采"技术研究[J].煤炭学报,2004,29(2):129-132.

[54] 缪协兴,陈荣华,白海.保水开采隔水关键层的基本概念及力学分析[J].煤炭学报,2007,32(6):561-564.

[55] KARMIS M,TRIPLETT T,HAYCOCKS C,et al. Mining subsidence and its prediction in appalachian coalfield[C]//Rock mechanics: theory, experiment, practice. Rotterdam: A. A. Balkema, 1983:665-675.

[56] HASENFUS G,JOHNSON H, SU D. A hydrogeomechanical study of overburden aquifer response to longwall mining[C]//7th International conference on ground control in mining. Morgantown: West Virginia University, 1988:149-162.

[57] MARK C,CHASE F E,CAMPOLI A A. Analysis of retreat mining pillar stability[C]//Proceedings of the new technology for ground control in retreat mining. Pittsburgh: NIOSH, DHHS, 1995:17-34.

[58] PALCHIK V. Influence of physical characteristics of weak rock mass on height of caved zone over abandoned subsurface coal mines[J]. Environmental geology, 2002, 42(1):92-101.

[59] 宋颜金,程国强,郭惟嘉.采动覆岩裂隙分布及其空隙率特征[J] 岩土力学,2011,32(2):533-536.

[60] 刘天泉.矿山岩体采动影响与控制工程学及其应用[J].煤炭学报,1995,20(1):1-5.

[61] 左建平,孙运江,钱鸣高.厚松散层覆岩移动机理及"类双曲线"模型[J].煤炭学报,2017,42(6):1372-1379.

[62] 左建平,孙运江,王金涛,等.充分采动覆岩"类双曲线"破坏移动机理及模拟分析[J].采矿与安全工程学报,2018,35(1):71-77.

[63] 袁亮,郭华,沈宝堂,等.低透气性煤层群煤与瓦斯共采中的高位环形裂隙体[J].煤炭学报,2011,36(3):357-365.

[64] 赵保太,林柏泉,林传兵."三软"不稳定煤层覆岩裂隙演化规律实验[J].采矿与安全工程学报,2007,24(2):199-202.

[65] 张辉."三软"煤层上保护层开采下伏煤岩裂隙演化规律研究[D].青岛:青岛理工大学,2018.

[66] 齐庆新,彭永伟,汪有刚,等.基于煤体采动裂隙场分区的瓦斯流动数值分析[J].煤矿开采,2010,15(5):8-10.
[67] 程远平,俞启香,袁亮,等.煤与远程卸压瓦斯安全高效共采试验研究[J].中国矿业大学学报,2004,33(2):132-136.
[68] 许家林,钱鸣高.覆岩采动裂隙分布特征的研究[J].矿山压力与顶板管理,1997(增刊):210-212,229.
[69] 北京开采研究所.煤矿地表移动与覆岩破坏规律及其应用[M].北京:煤炭工业出版社,1981.
[70] 郭惟嘉,刘立民,沈光寒,等.采动覆岩离层性确定方法及离层规律的研究[J].煤炭学报,1995,20(1):39-44.
[71] 刘洪.层状岩体离层计算方法研究[D].北京:中国矿业大学(北京),1997.
[72] 张玉卓,陈立良.长壁开采覆岩离层产生的条件[J].煤炭学报,1996,21(6):576-581.
[73] 毛灵涛,安里千,王志刚,等.煤样力学特性与内部裂隙演化关系CT实验研究[J].辽宁工程技术大学学报(自然科学版),2010,29(3):408-411.
[74] 杨伦,于广明,王旭春,等.煤矿覆岩采动离层位置的计算[J].煤炭学报,1997,22(5):477-480.
[75] 苏仲杰,于广明,杨伦.覆岩离层变形力学模型及应用[J].岩土工程学报,2002,24(6):778-781.
[76] 柏立田,张兴阳,徐钧.泥岩顶板巷道裂隙演化规律及控制的应用研究[J].煤炭工程,2010(9):66-69.
[77] 赵德深,朱广轶,刘文生,等.覆岩离层分布时空规律的实验研究[J].辽宁工程技术大学学报,2002,21(1):4-6.
[78] 吴仁伦,王继林,折志龙,等.煤层采高对采动覆岩瓦斯卸压运移"三带"范围的影响[J].采矿与安全工程学报,2017,34(6):1223-1231.
[79] 李宏艳,王维华,齐庆新,等.基于分形理论的采动裂隙时空演化规律研究[J].煤炭学报,2014,39(6):1023-1030.
[80] SOMERTON W H,SOYLEMEZOGLU I M,DUDLEY R C. Effect of stress on permeability of coal[J]. International journal of rock mechanics & mining sciences & geomechanics abstracts,1975,12(2):151-158.
[81] GAWUGA J. Flow of gas through stressed carboniferous strata[D]. Nottingham:University of Nottingham,1979.
[82] KHODOT V V. Role of methane in the stress state of a coal seam[J]. Soviet mining,1980,16(5):460-466.
[83] HARPALAIN S. Gas flow through stressed coal[D]. Berkeley:University

of California,1985.
[84] IAN PALMER. Permeability changes in coal—analytical modeling[J]. International journal of coal geology,2009,77(1-2):119-126.
[85] 林柏泉,周世宁. 含瓦斯煤体变形规律的实验研究[J]. 中国矿业学院学报,1986,15(3):67-72.
[86] 陶云奇,许江,李树春,等. 煤层瓦斯渗流特性研究进展[J]. 煤田地质与勘探,2009,37(2):1-5.
[87] 林柏泉,周世宁. 煤样瓦斯渗透率的实验研究[J]. 中国矿业学院学报,1987,16(1):21-28.
[88] 姚宇平,周世宁. 含瓦斯煤的力学性质[J]. 中国矿业学院学报,1988,17(2):87-93.
[89] 李志强,鲜学福,徐龙君,等. 地应力、地温场中煤层气相对高渗区定量预测方法[J]. 煤炭学报,2009,34(6):765-770.
[90] 许江,鲜学福. 含瓦斯煤的力学特性的实验分析[J]. 重庆大学学报,1993,16(5):26-32.
[91] 何学秋,周世宁. 煤和瓦斯突出机理的流变假说[J]. 中国矿业大学学报,1990,19(2):1-9.
[92] 靳钟铭,赵阳升,贺军,等. 含瓦斯煤层力学特性的实验研究[J]. 岩石力学与工程学报,1991,10(3):271-280.
[93] 张东明,胡千庭,袁地镜. 成型煤样瓦斯渗流的实验研究[J]. 煤炭学报,2011,36(2):288-292.
[94] 段康廉,张文,胡耀青. 三维应力对煤体渗透性影响的研究[J]. 煤炭学报,1993,18(4):43-50.
[95] 赵全胜,李其廉,黄鹂. 考虑瓦斯解吸影响的煤渗流应力耦合模型[J]. 辽宁工程技术大学学报(自然科学版),2010,29(4):533-536.
[96] 赵阳升,胡耀青. 孔隙瓦斯作用下煤体有效应力规律的实验研究[J]. 岩土工程学报,1995,17(3):26-31.
[97] 杨天鸿,陈仕阔,朱万. 采空垮落区瓦斯非线性渗流-扩散模型及其求解[J]. 煤炭学报,2009,34(6):771-777.
[98] 赵阳升,胡耀青,杨栋,等. 三维应力下吸附作用对煤岩体气体渗流规律影响的实验研究[J]. 岩石力学与工程学报,1999,18(6):651-653.
[99] 杨栋,赵阳升,胡耀青,等. 三维应力作用下单一裂缝中气体渗流规律的理论与实验研究[J]. 岩石力学与工程学报,2005,24(6):999-1003.
[100] 张春会. 非均匀、随机裂隙展布岩体渗流应力耦合模型[J]. 煤炭学报,2009,34(1):1460-1464.

[101] 芦倩.煤层顶板采动裂隙与瓦斯分布关系研究[J].煤矿安全,2008(4):89-91.
[102] 尹光志,李广治,赵洪宝,等.煤岩全应力-应变过程中瓦斯流动特性试验研究[J].岩石力学与工程学报,2010,29(1):170-175.
[103] 尹光志,蒋长宝,王维忠.不同卸围压速度对含瓦斯煤岩力学和瓦斯渗流特性影响试验研究[J].岩石力学与工程学报,2011,30(1):68-77.
[104] 尹光志,李小双,赵洪宝,等.瓦斯压力对突出煤瓦斯渗流影响试验研究[J].岩石力学与工程学报,2009,28(4):697-702.
[105] 赵阳升,胡耀青,魏锦平,等.气体吸附作用对岩石渗流规律影响的实验研究[J].岩石力学与工程学报,1999,18(6):651-653.
[106] 赵洪宝,尹光志,李小双.突出煤渗透特性与应力耦合试验研究[J].岩石力学与工程学报,2009,28(增刊2):3357-3362.
[107] 赵阳升,胡耀青,赵宝虎,等.块裂介质岩体变形与气体渗流的耦合数学模型及其应用[J].煤炭学报,2003,28(1):41-45.
[108] 张永亮,蔡嗣经.矿山岩体压裂控制及裂隙渗流与应力关系分析[J].长江科学院院报,2011,28(1):43-46.
[109] 孙培德.变形过程中煤样渗透率变化规律的实验研究[J].岩石力学与工程学报,2001,20(增刊):1801-1804.
[110] 章梦涛,潘一山,梁冰.煤岩流体力学[M].北京:科学出版社,1995.
[111] 黄秋枫,胡海浪.渗流-应力损伤耦合研究现状[J].灾害与防治工程,2009(1):27-34.
[112] 梁冰,章梦涛,王泳嘉.煤层瓦斯渗流与煤体变形的耦合数学模型及数值解法[J].岩石力学与工程学报,1996,15(2):135-142.
[113] 梁冰,刘建军,范厚彬,等.非等温情况下煤层中瓦斯流动的数学模型及数值解法[J].岩石力学与工程学报,2000,19(1):1-5.
[114] 张广洋,胡耀华,姜德义,等.煤的渗透性实验研究[J].贵州工学院学报,1995,24(4):65-68.
[115] 程瑞端,陈海焱,鲜学福,等.温度对煤样渗透系数影响的实验研究[J].煤炭工程师,1998(1):13-17.
[116] 郭立稳,俞启香,蒋承林,等.煤与瓦斯突出过程中温度变化的实验研究[J].岩石力学与工程学报,2000,19(3):366-368.
[117] 刘瑞珍,严家平,李建楼,等.煤体温度对瓦斯渗透性影响的实验研究[J].煤炭技术,2010,29(7):71-73.
[118] 刘泽功,张春华,刘健.低透气煤层预裂瓦斯运移数值模拟及抽采试验[J].安徽理工大学学报(自然科学版),2009,29(4):17-21.

[119] 刘保县,鲜学福,徐龙君,等.地球物理场对煤吸附瓦斯特性的影响[J].重庆大学学报,2000,23(5):78-81.

[120] 刘保县,熊德国,鲜学福.电场对煤瓦斯吸附渗流特性的影响[J].重庆大学学报,2006,29(2):83-85.

[121] 何学秋,刘明举.含瓦斯煤岩破坏电磁动力学[M].徐州:中国矿业大学出版社,1995.

[122] 聂百胜,何学秋,孙继平,等.瓦斯流动对电磁辐射频谱的影响[J].北京科技大学学报,2003,25(6):510-514.

[123] 王恩元,张力,何学秋,等.煤体瓦斯渗透性的电场响应研究[J].中国矿业大学学报,2004,33(1):62-65.

[124] 张志刚,程波.基于非线性渗流-扩散钻孔一维径向不稳定流数学模型及数值解法研究[J].矿业安全与环保,2012,39(增刊):1-5.

[125] 张志刚,程波.含瓦斯煤体非线性渗流模型[J].中国矿业大学学报,2015,44(3):453-459.

[126] 孙可明,吴迪,粟爱国,等.超临界 CO_2 作用下煤体渗透性与孔隙压力-有效体积应力-温度耦合规律试验研究[J].岩石力学与工程学报,2013,32(增刊2):3760-3767.

[127] 郝志勇,岳立新.超临界 CO_2 增透煤热流固耦合模型与数值模拟[J].工程科学与技术,2018,50(4):228-236.

[128] 任云峰.深部采区低渗透性煤层 CO_2 致裂增透试验研究[J].煤矿开采,2018,23(5):111-113.

[129] 赵阳升.煤体-瓦斯耦合数学模型及数值解法[J].岩石力学与工程学报,1994,13(3):229-239.

[130] 杨天鸿,陈仕阔,朱万成,等.煤层瓦斯卸压抽放动态过程的气-固耦合模型研究[J].岩土力学,2010,31(7):2247-2252.

[131] 赵阳升,段康廉,胡耀青,等.块裂介质岩石流体力学研究新进展[J].辽宁工程技术大学学报,1999,18(5):459-462.

[132] 梁冰,章梦涛,王泳嘉.煤和瓦斯突出的固流耦合失稳理论[J].煤炭学报,1995,20(5):492-496.

[133] 许江,彭守建,尹光志,等.含瓦斯煤热流固耦合三轴伺服渗流装置的研制及应用[J].岩石力学与工程学报,2010,29(5):907-914.

[134] 梁冰,章梦涛.从煤和瓦斯的耦合作用及煤的失稳破坏看突出的机理[J].中国安全科学学报,1997,7(1):6-9.

[135] 丁继辉,麻玉鹏,赵国景,等.有限变形下的煤与瓦斯突出的固流两相介质耦合失稳理论[J].河北农业大学学报,1998,21(1):74-81.

[136] 明俊智.综放面瓦斯渗流规律数值模拟研究[J].能源技术与管理,2010(3):25-26.
[137] 丁继辉,麻玉鹏,赵国景,等.煤与瓦斯突出的固流两相介质耦合失稳理论及数值分析[J].工程力学,1999,16(4):47-53.
[138] 李树刚.综放开采围岩活动影响下瓦斯运移规律及其控制[D].徐州:中国矿业大学,1998.
[139] 李树刚,林海飞,成连华.综放开采支承压力与卸压瓦斯运移关系研究[J].岩石力学与工程学报,2004,23(19):3288-3291.
[140] 林海飞,李树刚,成连华.矿山压力变化的采场瓦斯涌出特征及其管理[J].西安科技学院学报,2004,24(1):15-18.
[141] 李树刚,徐精彩.软煤样渗透特性的电液伺服试验研究[J].岩土工程学报,2001,23(1):68-70.
[142] 李树刚,钱鸣高,石平五.煤样全应力应变中的渗透系数-应变方程[J].煤田地质与勘探,2001,29(1):22-24.
[143] 曹树刚,郭平,李勇,等.瓦斯压力对原煤渗透特性的影响[J].煤炭学报,2010,35(4):595-599.
[144] 曹树刚,鲜学福.煤岩固-气耦合的流变力学分析[J].中国矿业大学学报,2001,30(4):362-365.
[145] 梁冰,刘建军,王锦山.非等温情况下煤和瓦斯固流耦合作用的研究[J].辽宁工程技术大学学报,1999,18(5):483-486.
[146] 杨天鸿,唐春安,朱万成,等.岩石破裂过程渗流与应力耦合分析[J].岩土工程学报,2001,23(4):489-493.
[147] TANG C A, THAM L G, LEE PK K, et al. Coupled analysis of flow stress and damage(FSD)in rock failure[J]. International journal of rock mechanics and mining sciences,2002,39(4):477-489.
[148] 于志祥.综放工作面瓦斯渗流规律的现场应用[J].山东煤炭科技,2010(4):197-198.
[149] 徐涛,杨天鸿,唐春安,等.含瓦斯煤岩破裂过程固气耦合数值模拟[J].东北大学学报,2005,26(3):293-296.
[150] 王亮,程远平,蒋静宇,等.巨厚火成岩下采动裂隙场与瓦斯流动场耦合规律研究[J].煤炭学报,2010,35(8):1287-1291.
[151] 王宏图,杜云贵,鲜学福,等.受地应力、地温和地电效应影响的煤层瓦斯渗流方程[J].重庆大学学报,2000,23(增刊):47-50.
[152] 杨建平,陈卫忠,田洪铭,等.应力-温度对低渗透介质渗透率影响研究[J].岩土力学,2009,30(12):3587-3594.

[153] 刘保县,鲜学福,王宏图,等.交变电场对煤瓦斯渗流特性的影响实验[J].重庆大学学报,2000,23(增刊):41-43.

[154] 王登科,魏建平,付启超,等.基于 Klinkenberg 效应影响的煤体瓦斯渗流规律及其渗透率计算方法[J].煤炭学报,2014,39(10):2029-2036.

[155] 刘佳佳,贾改妮,王丹,等.基于多物理场耦合的顺层钻孔瓦斯抽采参数优化研究[J].煤炭科学技术,2018,46(7):115-119,156.

[156] 张春会,于永江,岳宏亮,等.考虑 Klinbenberg 效应的煤中应力-渗流耦合数学模型[J].岩土力学,2010,31(10):3217-3222.

[157] LIU J,ELSWORTH D. Linking stress-dependent effective porosity and hydraulic conductivity fields to RMR[J]. International journal of rock mechanics and mining sciences,1999,36(1):581-596.

[158] DANA E,SKOCZYLAS F. Gas relative permeability and pore structure of sandstones[J]. International journal of rock mechanics and mining sciences,1999,36(1):613-625.

[159] ZHANG X,SANDERSON D J. Scale up of two-dimemsional conductivity tensor for heterognous fracture network[J]. Engineering geology,1999,53(1):83-99.

[160] 刘金才,刘天泉,张玉卓.裂隙岩体渗透特性研究[J].煤炭学报,1997,22(5):481-185.

[161] 速宝玉,詹美礼,王媛.裂隙渗流与应力耦合特性的实验研究[J].岩土工程学报,1997,19(4):73-77.

[162] 朱珍德,孙钧.裂隙岩体非稳态渗流场与损伤场耦合分析模型[J].水文地质工程地质,1999(2):35-41.

[163] BIBHUTI B,PANDA P. Relation between fracture tensor parameters and jointed rock hydraulics[J]. Journal of engineering mechanics,1999,125(1):53-59.

[164] 孙可明,梁冰,王锦山.煤层气开采中两相流阶段的流固耦合渗流[J].辽宁工程技术大学学报,2001,20(1):36-39.

[165] 孙可明,梁冰,朱月明.考虑解吸扩散过程的煤层气流固耦合渗流研究[J].辽宁工程技术大学学报,2001,20(4):548-549.

[166] 骆祖江,陈艺南,付延玲.水气二相渗流耦合模型的全隐式联立求解[J].煤田地质与勘探,2001,29(6):36-38.

[167] 刘建军.煤层气热-流-固耦合渗流的数学模型[J].武汉工业学院学报,2002(2):91-94.

[168] 王锦山,尹伯悦,谢飞鸿.水-气两相流在煤层中运移规律[J].黑龙江科技

学院学报,2005,15(1):16-19.
[169] 林良俊,马凤山.煤层气产出过程中气-水两相流与煤岩变形耦合数学模型研究[J].水文地质工程地质,2001(1):1-3.
[170] 刘晓丽,梁冰,王思敬,等.水气二相渗流与双重介质变形的流固耦合数学模型[J].水利学报,2005,36(4):405-412.
[171] 尹光志,王登科,张东明,等.含瓦斯煤岩固气耦合动态模型与数值模拟研究[J].岩土工程学报,2008(10):1430-1436.
[172] 尹光志,李铭辉,李生舟,等.基于含瓦斯煤岩固气耦合模型的钻孔抽采瓦斯三维数值模拟[J].煤炭学报,2013,38(4):535-541.
[173] 李祥春,郭勇义,吴世跃,等.考虑吸附膨胀应力影响的煤层瓦斯流-固耦合渗流数学模型及数值模拟[J].岩石力学与工程学报,2007(增刊):2743-2748.
[174] 王锦山,梁冰,范厚彬.用分离变量法求采空区气体流动微分方程的解析解[J].黑龙江科技学院学报,2001(2):39-41.
[175] 蒋曙光,张人伟.综放采场流场数学模型及数值计算[J].煤炭学报,1998,23(3):258-261.
[176] 丁广骧,柏发松.采空区混合气运动基本方程及有限元解法[J].中国矿业大学学报,1996,25(3):21-26.
[177] 梁栋,黄元平.采动空间瓦斯运动的双重介质模型[J].阜新矿业学院学报,1995,14(2):4-7.
[178] 邢玉飞,赵煜,苏阳.煤层瓦斯运移的模拟现状分析[J].信息科学技术,2009(13):706-720.
[179] 吴强,梁栋.CFD技术在通风工程中的运用[M].徐州:中国矿业大学出版社,2001.
[180] 李宗翔.综放工作面采空区瓦斯涌出规律的数值模拟研究[J].煤炭学报,2002,27(2):173-178.
[181] 李宗翔,纪书丽,题正义.采空区瓦斯与大气两相混溶扩散模型及其求解[J].岩石力学与工程学报,2005,24(16):2971-2976.
[182] 缪协兴,刘卫群,陈占清.采动岩体渗流理论[M].北京:科学出版社,2004.
[183] 胡千庭,梁运培,刘见中.采空区瓦斯流动规律的CFD模拟[J].煤炭学报,2007,32(7):719-723.
[184] 兰泽全,张国枢.多源多汇采空区瓦斯浓度场数值模拟[J].煤炭学报,2007,32(4):396-401.
[185] 程远平,俞启香,袁亮.上覆远程卸压岩体移动特性与瓦斯抽采技术[J].

辽宁工程技术大学学报,2003,22(4):483-486.

[186] 孙培德,鲜学福. 煤层气越流的固气耦合理论及其应用[J]. 煤炭学报,1999,24(1):60-64.

[187] 孙培德,万华根. 煤层气越流固-气耦合模型及可视化模拟研究[J]. 岩石力学与工程学报,2004,23(7):1179-1185.

[188] 梁运培. 邻近层卸压瓦斯越流规律的研究[J]. 矿业安全与环保,2000,27(2):32-35.

[189] 许家林,钱鸣高. 岩层采动裂隙分布在绿色开采中的应用[J]. 中国矿业大学学报,2004,33(2):141-149.

[190] 王勇,马立伟,王义民,等. 卸压区抽放瓦斯在车集矿的实践[J]. 中州煤炭,2010(3):79-80.

[191] 屈庆栋,许家林,钱鸣高. 关键层运动对邻近层瓦斯涌出影响的研究[J]. 岩石力学与工程学报,2007,26(7):1478-1484.

[192] 汪有刚,李宏艳,齐庆新,等. 采动煤层渗透率演化与卸压瓦斯抽放技术[J]. 煤炭学报,2010,35(3):406-410.

[193] 程涛,杨胜强,徐全,等. 采场瓦斯运移规律模拟及其治理措施分析[J]. 煤炭科学技术,2010,38(12):61-65.

[194] 刘泽功,袁亮,戴广龙,等. 开采煤层顶板"环形裂隙圈内走向长钻孔"抽放瓦斯研究[J]. 中国工程科学,2004,6(5):32-38.

[195] 刘泽功,袁亮. 首采煤层顶底板围岩裂隙内瓦斯储集及卸压瓦斯抽采技术研究[J]. 中国煤层气,2006,3(2):11-15.

[196] 袁亮. 松软低透煤层群瓦斯抽采理论与技术[M]. 北京:煤炭工业出版社,2004.

[197] 袁亮. 留巷钻孔法煤与瓦斯共采技术[J]. 煤炭学报,2008,33(8):898-902.

[198] 袁亮. 卸压开采抽采瓦斯理论及煤与瓦斯共采技术体系[J]. 煤炭学报,2009,34(1):1-8.

[199] 郭玉森,林柏泉,吴传始. 围岩裂隙演化与采动卸压瓦斯储运的耦合关系[J]. 采矿与安全工程学报,2007,24(4):414-417.

[200] LI Shugang,LIN Haifei,CHENG Lianhua,et al. Studies on distribution pattern of and methane migrating mechanism in the mining-induced fracture zones in overburden strata[C]//24th International conference on ground control in mining. [S. l.]:[s. n.],2005.

[201] 张天军,李树刚,陈占清,等. 某高瓦斯矿煤岩渗透特性的实验研究[J]. 武汉工业学院学报,2009,28(3):86-89.

[202] 李树刚,徐培耘,赵鹏翔,等.采动裂隙椭抛带时效诱导作用及卸压瓦斯抽采技术[J].煤炭科学技术,2018,46(9):146-152.

[203] KARACAN C Ö,ESTERHUIZEN G S,SCHATZEL S J,et al. Reservoir simulation-based modeling for characterizing longwall methane emissions and gob gas venthole reduction[J]. International journal of coal geology,2007,71(1):225-245.

[204] KARACAN C Ö,GERRIT GOODMAN. Hydraulic conductivity changes and influencing factors in longwall Overburden determined by slug tests in gob gas vent holes[J]. International journal of rock mechanics & mining sciences,2009,46(1):1162-1174.

[205] 洛锋,曹树刚,李国栋,等.采动应力集中壳和卸压体空间形态演化及瓦斯运移规律研究[J].采矿与安全工程学报,2018,35(1):155-162.

[206] 李树清,何学秋,李绍泉,等.煤层群双重卸压开采覆岩移动及裂隙动态演化的实验研究[J].煤炭学报,2013,38(12):2146-2152.

[207] 王伟,程远平,袁亮,等.深部近距离上保护层底板裂隙演化及卸压瓦斯抽采时效性[J].煤炭学报,2016,41(1):138-148.

[208] 田富超,秦玉金,梁运涛,等.远距离煤层群采动区应力场与瓦斯流动场耦合机制研究及应用[J].采矿与安全工程学报,2015,32(6):1031-1036.

[209] 张明建,郜进海,魏世义.倾斜岩层平巷围岩破坏特征的相似模拟试验研究[J].岩石力学与工程学报,2010,29(增刊):3259-3264.

[210] 林韵梅.实验岩石力学:模拟研究[M].北京:煤炭工业出版社,2009.

[211] 李鸿昌.矿山压力的相似模拟[M].徐州:中国矿业大学出版社,1988.

[212] 贝尔.多孔介质流体动力学[M].李竞生,陈崇希,译.北京:中国建筑工业出版社,1983.

[213] 王丽敏,周令昌,宋欣.采空区稳态流的数学模型及其数值解法[J].科技纵横,2009(11):238-239.

[214] 孙维吉.不同孔径下瓦斯流动机理及模型研究[D].阜新:辽宁工程技术大学,2007.

[215] 周世宁,林柏泉.煤层瓦斯赋存与流动理论[M].北京:煤炭工业出版社,1997.

[216] 周西华.双高矿井采场自燃与爆炸特性及防治技术研究[D].阜新:辽宁工程技术大学,2006.

[217] 杨兰和.煤炭地下气化渗流燃烧方法研究[M].徐州:中国矿业大学出版社,2001.

[218] ERGUN S. Fluid flow through packed columns[J]. Chemical engineering

progress,1952,48(2):89-94.

[219] JACOBY W R,SCHMELING H. Convection experiments and the driving mechanism[J]. Geology rundsch,1981,70(1):207-230.

[220] WIENS D A,STEIN S,DEMETS C,et al. Plate tectonic model for Indian ocean "intraplate" deformation [J]. Tectonophysics, 1986, 132 (1): 37-48.

[221] KINCAID C,OLSON P. An experimental study of subduction and slab migration [J]. Journal of geophysical research, 1987, 92 (B13): 13831-13840.

[222] SHEMENDA AI. Horizontal lithosphere compression and subduction: constraints provided by physical modeling[J]. Journal of geophysical research,1992,97(B7):11097-11116.

[223] 龚召熊. 地质力学模型材料试验研究[J]. 长江水利水电科学研究院院报,1984(1):32-46.

[224] 付志亮,肖福坤. 岩石力学实验教程[M]. 北京:化学工业出版社,2011.

[225] 张梦涛,潘一山,梁冰,等. 岩石流体力学[M]. 北京:科学出版社,1995.

[226] 黄醒春. 岩石力学[M]. 北京:高等教育出版社,2005.

[227] 杨玉静,李增华,陈奇伟. RFPA^{2D}数值模拟在高位钻孔参数优化中的应用[J]. 煤炭技术,2010,29(5):93-97.

[228] 张杰. 榆神府矿区长壁间歇式推进保水开采技术基础研究[D]. 西安:西安科技大学,2009.

[229] 顾大钊. 相似材料和相似模拟[M]. 徐州:中国矿业大学出版社,1995.